Pferde

in den Kulturen der Welt

Das Pferd ging einen langen Weg
mit den Menschen – bis heute –
bis in das Zeitalter des Sport- und
Freizeitkameraden.
Krieg und Arbeit bestimmten einst
sein Dasein. Es hat sich nicht geändert.
Auf dem Rücken der Pferde lag unsere
Geschichte. Nie ging ein Tier so völlig im
Dienst des Menschen auf.

Im Namen der Mitglieder der
Pferdesportgemeinschaft Oppelshausen
u. U. e. V.

Der Vorstand

Altenstadt / Niddatal-Assenheim, 20. März 2009

TEXTE UND FOTOS
FULVIO CINQUINI

Pferde

in den Kulturen der Welt

AUS DEM FRANZÖSISCHEN
VON CORNELIA PANZACCHI

GERSTENBERG

INHALT

EINLEITUNG 9

REITKUNST DER WELT 12

REITERVÖLKER 70

FESTE & MÄRKTE 164

ZÄUMUNGEN 220

PORTRÄTS 254

Spanien, Galicien
Rapas das bestas

Eines schönen Tages erhielten wir bei Hermès Besuch von Fulvio Cinquini. Er brachte eine Mappe voller Bilder von Pferden und Reitern aus aller Welt mit.

Wahrhaftig schöne Bilder! Die Liebe zum Pferd, die seit 165 Jahren sowohl in meiner Familie als auch bei Hèrmes eine wichtige Rolle spielt, erhielt durch diese herrlichen Aufnahmen neue Nahrung.

Der talentierte Fotograf reist in die abgelegensten Regionen der Erde und vermag mit einem Schnappschuss die Harmonie einer Landschaft, den Stolz eines Reiters im Sahel, die Eleganz eines mongolischen Hirten oder das sanfte Morgenlicht einzufangen, das einen Rajput und seinen Schimmel umspielt.

Fulvio Cinquini ist von seiner Leidenschaft beseelt und versteht es meisterhaft, Pferde zu fotografieren. Die edelste Errungenschaft des Menschen – das Pferd – wird bei uns heutzutage allzu oft vernachlässigt und vom Fortschritt verdrängt. Dort aber, wo weder das allgegenwärtige Geklingel von Mobiltelefonien noch Verkehrsstaus den Alltag beherrschen, ist die Kunst des Reitens noch sehr lebendig.

Von jeder Reise bringt Fulvio neue, faszinierende Bilder mit. Wenn er uns dann seinen Besuch abstattet, entdecken wir neue Pferde in einer bis dahin unbekannten Gegend. Wie schön die Welt doch ist, wenn Pferde in ihr glücklich leben dürfen!

Dieser reiche Schatz an Bildern und Geschichten hat uns bewogen, uns aus Respekt für Pferd und Reiter an dieses Projekt zu wagen. Hermès ist stolz auf seine Freundschaft mit Fulvio Cinquini, diesem bewundernswerten Mann.

Jean-Louis Dumas-Hermès

Spanien

Der Dichter Martial war der Ansicht, dass die Hasenjagd mit Hunden der Hirschjagd vorzuziehen sei. Vor rund 2000 Jahren schrieb er an seinen Freund Lucian, der zu seiner Garnison reisen sollte:

»Wenn der Reif des Dezembers kommt und der entfesselte Winter mit der rauen Stimme des Nordwinds brüllt, […] dann wirst du auf einem kräftigen Pferd die listigen Hasen hetzen und den Hirschen deinem Bauern überlassen.«

In Andalusien, der Estremadura und in Kastilien jagt man auch heute noch in den Wintermonaten die Hasen mit Windhunden und zu Pferd. Zwar handelt es sich hier mit Abstand um die am wenigsten ritterliche Jagd unserer Tage. Trotzdem bieten die kleinen Reitergruppen, die die Landschaft durchkämmen, einen Anblick von großer Schönheit.

EINLEITUNG

»Umma kikkuli Luaasu Ussa Ansekurra Mitanni.«
»So spricht Kikkuli, Rittmeister aus dem Lande Mitanni.«

Mit diesen Worten begann Kikkuli, ein Sklave aus dem nördlich von Mesopotamien gelegenen Land Mitanni seine hippologische Abhandlung, die er vor 3500 Jahren für seine Herren, die Hethiterfürsten Zentralanatoliens, geschrieben hatte. Dieses Werk gilt als die älteste uns bekannte Schrift über Pferde.
Tatsächlich handelte es sich dabei weniger um eine hippologische Abhandlung als um ein in 184 Tage gegliedertes Trainingsprogramm, in dem empfohlen wurde, die Pferde Tag und Nacht im Trab und Galopp zu bewegen. Auf diese Weise wollte man nicht nur schnelle, widerstandsfähige und leicht zu reitende Pferde erhalten, sondern die Tiere auch zu regelrechten Athleten trimmen, die in der Lage waren, Streitwagen und vielleicht auch die Wagen der Wagenrennen zu ziehen.
Einiges von dem, was in diesen fernen Zeiten üblich war, würde dem westlichen Menschen heute seltsam vorkommen: die nächtlichen Übungen, der Umstand, dass die Pferde nach dem Training nicht getränkt wurden, die schweren Decken, die man ihnen selbst im Sommer auflegte, das tägliche Steigern der Futterration um je ein Maß Getreide (bis zu einer gewissen Obergrenze) sowie die abgedunkelten Pferdeställe.
Dennoch gehören diese Gebräuche in einigen Teilen der Welt noch immer zum Alltag von Reiter und Pferd.
Das vorliegende Buch, das ein Pferdefreund für andere Pferdefreunde mit Bild und Text versehen hat, zeigt, dass es auch heute noch viele Arten des Umgangs sowie die unterschiedlichsten Reitweisen, Feste, Sportarten und Traditionen gibt, die uns dazu anregen können, die Beziehung zwischen Mensch und Pferd neu zu überdenken. Denn immerhin wird seit mindestens 5000 Jahren Pferdegeschichte geschrieben.

Spanien, Jerez de la Frontera
Nach so vielen Fotos, die an exotischen, Abenteuer verheißenden Orten aufgenommen wurden, hier ein Bild aus einer Box, in die die Strahlen des Morgenlichts dringen. Das Pferd ist ein spanisches Vollblut, und das Spiel von Licht und Schatten unterstreicht seine natürliche Schönheit.
Das Foto entstand keine 500 Meter von der *Cartuja de Jerez* (Kartäuserkloster von Jerez) entfernt, deren Mönche eine sehr berühmte »Familie« spanischer Pferde erhalten und veredelt haben. Man nennt sie *cartujos*, Kartäuser.

Welches Genie mag nur auf die Idee gekommen sein, einem Pferd einen Lederriemen durch das Maul zu ziehen? Gleichzeitig erkannte man, dass der Mensch, wenn er Kopf und Hals des Pferdes im Griff hatte, damit das ganze Tier beherrschte. Wir wissen nicht, wann dies geschah. Auf jeden Fall ist die Domestikation des Pferdes nicht gleichzusetzen mit dem Beginn der Reitkunst, denn zwischen diesen beiden Zeitpunkten liegen einige Jahrhunderte.

Archäologische Funde weisen darauf hin, dass die Domestikation 4000 Jahre v. Chr. in der Ukraine begonnen haben könnte oder aber irgendwo zwischen dem Schwarzen und dem Kaspischen Meer. Indem der Mensch das Tier zähmte und lernte, ihm seinen Willen aufzuzwingen, hörte er auf, einfach nur ein Mensch zu sein – er wurde zum »Zentauren«.

Dieser »Zentaur« ist ein eigentümliches, ein einzigartiges Lebewesen, begabt mit Schnelligkeit und Kraft Er versetzt seine Feinde in Angst und Schrecken und wird zum erfolgreichen Jäger von anderen wilden Tieren, die er nun verfolgen, einholen und bezwingen kann. Durch diese Symbiose wurde das Pferd quasi zum athletischen Teil des Mischwesens, während der Mensch seine Fähigkeit zu denken und seine Willenskraft einbrachte.

Derjenige, der imstande war, gute, widerstandsfähige Schlachtrösser zu züchten oder sie sich anderweitig zu beschaffen, konnte riesige Reiche erobern, gewaltige Schätze anhäufen und die Handelswege beherrschen.

Die Suche nach hochwertigen Pferden entwickelte sich bei den Han-Chinesen zur Obsession, einem Volk, das aufgrund der minderwertigen Böden und mageren Weiden in seinem Reich niemals zu Pferdezüchtern wurde. Wu Ti, der sechste Kaiser der Han-Dynastie, der von 138 bis 126 v. Chr. regierte, schickte den Befehlshaber seiner Palastwache auf die Suche nach den berühmten Pferden von Fergana (im heutigen Usbekistan), die von himmlischer Abstammung sein sollten. Man erzählte, dass sie sowohl im metyphysischen als auch im physischen Sinne fliegen und an einem einzigen Tag 1000 li (576 Kilometer) zurücklegen konnten.

Nachdem sie umfangreiche Militärexpeditionen ausgerüstet hatten, deren Aufgabe die Beschaffung von Pferden war und die fast alle auf dramatische Weise scheiterten, versuchten es die Han auf diplomatischere Art. Sie begannen Handel zu treiben mit den Nomadenstämmen an den Grenzen ihres Reiches und tauschten Seide und Prinzessinnen gegen Pferde. Ihr eigentliches Ziel war, die Xiongnu zu bekämpfen, ein anderes, kriegerischeres Nomadenvolk, das möglicherweise den Hunnen oder den Skythen des Orients ebenbürtig war und das durch seine ständigen Angriffe das Han-Reich bedrohte.

Von den Prinzessinnen sind uns nur ergreifende Gedichte geblieben, die von einer Mischung aus Sehnsucht und Widerwillen gegen die raue Lebensweise der Nomaden geprägt sind. Der Seidenhandel wurde mit der Zeit immer weiter nach Westen ausgedehnt und so entstand die später so wichtige Seidenstraße.

In der Schlacht von Carrhae 53 v. Chr. sahen sich die Römer mit einer neuen Art des Kämpfens zu Pferde konfrontiert. Mit ihren glänzenden Rüstungen aus Metallstreifen für Pferde und Reiter und mit ihrem großen Trommelgewitter versetzten die Parther die römische Kavallerie in Angst und Schrecken. Sie schossen ihre Pfeile im Davonreiten ab, was die Römer ihnen als Feigheit auslegten. Ohne sich um das Kampfgetümmel zu kümmern, versorgten Kamelreiter ge-

schickt die Reiter der Schlachtrösser mit gefüllten Köchern. Das tobende Kampfgetümmel und Angriffe der gepanzerten Lanzenträger trugen überdies zur Verwirrung der Römer bei.
Im frühen 19. Jahrhundert zögerte Ranjit Singh, der einäugige Herrscher des Punjab und leidenschaftlicher Pferdeliebhaber, nicht, einen Krieg vom Zaum zu brechen, in dem 26 000 Menschen starben – und das nur, um ein einziges Schlachtross, in das er vernarrt war, in seinen Besitz zu bringen. Würde man seinen Wert in Menschenleben angeben, wäre dieses Pferd das teuerste der Geschichte ...
Ohne Pferde wäre die Eroberung des indischen Subkontinents, von Nord- und Südamerika und von Afrika südlich der Sahara vielleicht unmöglich, zweifellos aber wesentlich beschwerlicher gewesen. Mehr als einmal brachte man zu Pferde mächtige alte Reiche zu Fall. So wurden die Tiere zum Werkzeug der Zerstörung von Zivilisationen, die wesentlich höher entwickelt waren als die der siegreichen Reitervölker.
Die Beschäftigung mit Pferden führt unweigerlich zur Beschäftigung mit der Geschichte und der Kultur des Menschen. Versucht man der Geschichte der Reitkunst nachzuspüren, so durchwandert man alle Bereiche der Anatomie, Botanik, Genetik, Physiologie und Verhaltensforschung, der Geologie, Völkerkunde, Religionswissenschaft und der Zauberei. Man befasst sich mit der Entwicklung in Architektur und Technik, mit der Geschichte von Handel und Kriegskunst. Darüber hinaus werden Kenntnisse über Metallverarbeitung, die Herstellung von Stoffen, die Verarbeitung von Holz und Leder vermittelt und man gewinnt Einblicke in die Welt der Musik, der Mode, der Kunst, des Sports und nicht zuletzt der Jagd.
In der westlichen Welt ist das Pferd mittlerweile fast vollständig aus dem Alltag verschwunden. Gleichzeitig begleitet es uns trotzdem auf Schritt und Tritt, zum Beispiel in Form von Redewendungen und Symbolen. Bei Prozessionen, Festen und anderen Veranstaltungen sowie bei Sportereignissen dürfen Pferde nicht fehlen.
Dank seiner kraftvollen Schönheit und seiner ästhetischen Erscheinung kann das Pferd in der kollektiven Fantasie nach wie vor seinen Platz behaupten.
Der Mensch schreibt seinem Reittier alle Eigenschaften zu, die er an Menschen schätzt. Diese Eigenschaften gehen wiederum auf den Reiter über, der von ihnen durchdrungen scheint und in deren Glanz er erstrahlt. Das Pferd ist so etwas wie ein idealisiertes Alter Ego des Menschen. Dies mag ein Grund dafür sein, dass sich die Mächtigen im Sattel porträtieren oder sich von Reiterstaffeln begleiten lassen.
Als »ritterlich« oder als »Kavalier« bezeichnet man auch heute noch einen Mann, der gute Manieren und eine vornehme Gesinnung zeigt, auch wenn er kein Pferd reitet oder besitzt. Deshalb sind Zweifel berechtigt, wenn jemand das Sprichwort zitiert: »Ein Husar ohne Pferd ist ein Infanterist, aber ein Pferd ohne Husar bliebt immer ein Pferd.«
Auch die Werbung setzt oft Pferde ein, um einen Eindruck von Vornehmheit und Männlichkeit oder aber von Freiheit, Wildheit und Abenteuer zu vermitteln. Dabei fällt auf, dass die Pferde nur selten im Schritt gehen. Auch dies ist ein, wenn auch harmloses Indiz dafür, dass sich der Mensch, der zu Fuß unterwegs ist, nur zu gerne von Pferd und Reiter verführen oder gar erobern lässt.

REITKUNST DER WELT

REITKUNST DER WELT

Nur wenige Tiere sind so eng mit der Eroberung der Welt verbunden wie das Pferd, das dem Menschen ermöglichte, sich ohne größere eigene Anstrengung im Raum zu bewegen. Das Pferd ist wie ein Turm, von dem aus man auf die Welt und die einfachen Sterblichen herabblicken kann, und bietet die wunderbare Möglichkeit, mit einer Geschwindigkeit zu reisen, die die Natur nicht für die Menschen vorgesehen hatte.

Das Pferd ist schnell genug, um innerhalb eines Tages bedeutende Entfernungen zurückzulegen, wobei sein Reiter mit etwas Übung ausgeruht am Ziel ankommt, ohne selbst gelaufen zu sein und vor allem ohne seine Waffen oder Waren selbst getragen zu haben.

Auf dem Rücken eines Pferdes spürte der Mensch zum ersten Mal den Rausch der Geschwindigkeit, sah zum ersten Mal die Landschaft an sich vorbeiziehen, erlebte die Leere unter dem Sprung, der die Angst vor dem Unbekannten voranging, wenn ein dicker Baumstamm am Boden lag oder sich ein Graben vor ihm auftat.

Das Durcheilen einer Landschaft auf dem Rücken eines Pferdes schärfte das räumliche Empfinden. Aus diesem Bewusstsein, den Raum in der Senkrechten und in der Waagerechten zu beherrschen, entstand das Überlegenheitsgefühl des Reiters, der im Gegensatz zum Bauern nie den Rücken krümmt. Auf sei-

Indien
Reiter auf der Hochebene des Jang Thang
(Seiten 12–13).

nem Pferd hält der Reiter sich gerade und fühlt sich wie ein Herr, der nur seinem eigenen Willen gehorcht.

Durch das Pferd entwickelte der Mensch eine neue Wahrnehmung der Welt. Der mächtige Körper des beherrschten Tiers stärkt das Ego des Reiters und weckt in ihm gleichzeitig den Wunsch nach einem größeren Pferd, das ihn selbst wiederum größer machen würde. Es ist kein Zufall, dass es bei den Spaniern heißt: *»Ande o no ande, caballo grande«* (Egal, ob das Pferd gut oder schlecht ist, wähle immer das größte). Doch darf man auf der anderen Seite auch nicht vergessen, dass die Mexikaner gerade das Gegenteil raten: *»Admira al grande y ensilla el chico.«* (Bewundere das große Pferd, aber sattle das kleine.)

Das Pferd trägt den Menschen und der Mensch trägt das Pferd, denn der Wille des einen überwindet die Entfernungen auf den Beinen des anderen, quer durch schwierige, unzugängliche und unnatürliche Räume, in die das Pferd von allein nie vorgedrungen wäre – geschlossene Räume zum Beispiel, aus denen es nicht fliehen kann. Als Folge seiner Begegnung mit dem Menschen und der Dressur überwand das Pferd sein eigentliches Wesen, das des vorsichtigen Beutetiers, um die Welt zu erobern und seinem Reiter ihre Eroberung zu ermöglichen.

Mongolei
Die Steppen Asiens sind trotz der winterlichen Kälte und der sommerlichen Hitze die natürliche Umgebung des Pferdes. Hier findet es große Weiden, reichlich Wasser und ein offenes Gelände, in dem es leichtfüßig vor seinen Feinden flüchten kann.

Die Steppe, natürlicher Lebensraum des Pferdes

Mongolei

Es gibt einen ganzen Katalog von Verhaltensregeln, einen wahren »Knigge«, der mit dem Pferd verbunden und von Kultur zu Kultur verschieden ist. So betritt man eine Jurte nie mit der Peitsche in der Hand; das wäre, als wollte man die Hausherren wie Hunde behandeln. Auch kommt man nie im Galopp an, denn dies ist die Gangart der Feinde und der Überbringer schlechter Nachrichten.

In den Steppen sind die Winter eisig kalt und die Sommer glühend heiß, aber sie bieten auch fettes, nahrhaftes Gras, Wasser im Überfluss und so viel Raum wie nötig ist, um beim allerersten Anzeichen von Gefahr zu fliehen und vor echten oder imaginären Bedrohungen davonzugaloppieren.

Durch ihre Schnelligkeit, ihre Ausdauer, vor allem aber weil sie als Herde eine kompakte Masse, eine bewegliche Mauer aus Hufen und Leibern bilden, die in der Bewegung ineinander zu verschmelzen scheinen, sodass die Mauer undurchdringlich wird, gelingt es den Pferden immer wieder, unter Ausnutzung des Raums ihre Verfolger abzuhängen.

Wenn unsere heutigen Erkenntnisse über die letzten echten Wildpferde, die Przewalskipferde, zutreffen – die sich zum domestizierten Pferd verhalten wie der Wolf zum Hund –, dann besaß das Pferd der Urzeit ein Gehirnvolumen, das um 16 Prozent größer war als das seiner gezähmten Artgenossen.

Mongolenlager

Es gibt viele verschiedene Arten, wie man sich daran machen kann, den Verlauf der Geschichte zu verstehen. Eine besteht darin, an einem Sommertag in der Mongolei mit zwei kleinen struppigen Pferden zum Fluss hinunterzugehen, um sie zu tränken.
Die Zeit, die man den Pferden lässt, um ihren Durst zu stillen, das Trinken von Zeit zu Zeit zu unterbrechen, sich mit tropfendem Maul umzuschauen, sich wie Lausbuben vollzuspritzen, indem sie mit den Hufen ins Wasser schlagen; die Zeit, die man damit verbringt, die Landschaft zu betrachten, die man sich nimmt, um sicherzugehen, dass die Pferde wirklich genug getrunken haben; die Zeit, die man braucht, um zu einem Lager zurückzukehren, in dem es, als man es verlassen hatte, von Menschen und Tieren nur so gewimmelt hatte, das aus Zelten bestanden hatte, aus denen der Rauch der Kochfeuer aufgestiegen war, in dem es nach gekochtem Hammelfleisch gerochen hatte. Diese Zeit hatte genügt, um das Lager verschwinden zu lassen – wie durch Zauberhand.
Zurückgeblieben sind die schwarzen Kreise erloschener Feuer, Häufchen von Dung, einige verstreute Zelte und junge Adler, die sich um Essensreste streiten. Das Lager mit seinen Tausenden von Menschen und Tieren gibt es nicht mehr.
In der Zeit, in der man mit den Pferden zum Fluss hinuntergegangen war, hatten die Nomaden zusammengepackt, alles auf ihre Wagen und Kamele geladen und waren nun hinter den Hügeln und Senken verschwunden.
Wie soll man je ein Volk besiegen oder beherrschen können, das nie am gleichen Ort bleibt und immer und zu jeder Zeit überall sein kann?

Eingefangen und in Zoos gesperrt, verloren die Przewalskipferde bereits in der zweiten Generation dieses Mehr an Gehirnmasse. Allerdings ist dies nicht nur bei Pferden so. Die meisten Wildtierarten besitzen ein größeres Gehirnvolumen als die aus ihnen gezüchteten Haustiere. Bei manchen von ihnen beträgt der Unterschied bis zu 30 Prozent.

Anzunehmen ist, dass ein derartig massives Schrumpfen der Gehirnmasse zu einem Nachlassen des Reaktionsvermögens und vielleicht auch der instinktiven Strategien im Umgang mit natürlichen Feinden geführt haben könnte. Die großen Schwierigkeiten, die wieder ausgesetzte Przewalskipferde mit dem Leben in freier Wildbahn haben, scheinen diese Vermutungen nur allzu deutlich zu bestätigen.

Mongolei

Nach dem Tränken gehen die Pferde ins Wasser, um die heißesten Stunden des Tages im kühleren Element zu verbringen, das gleichzeitig vor Insekten schützt. Wie Flusspferde, könnte man sagen – oder sind es die Flusspferde, die sich wie Pferde in Flüssen verhalten?

Tuwiniskaja ASSR
Unter dem gewitterträchtigen Himmel wird ein Pferd zu einem Rennen geführt. In dieser Region zwischen Sibirien, der Burjatischen ASSR und der Mongolei begann der Jahrhunderte währende Ritt der turksprachigen Völker, der bis vor die Tore Wiens führte.

Mongolei, Tal von Ulan Bator
Die Pferde werden in der Nähe des Lagers getränkt *(Seiten 20–21).*

Türkei, Anatolien
Die dahinfliegenden, barocken Wolken der Steppe waren die Reisebegleiter der Völker Asiens auf ihren jahrtausendelangen Wanderungen *(oben)*.

Tibet
Die Leidenschaft der Menschen des tibetischen Hochlands für Korallen, die die Frauen als Schmuck tragen, und für die Haut von Hai oder Rochen, aus denen Sättel gefertigt werden, ist wie eine unbewusste Erinnerung an die Zeit, als diese Region am Grund des Meeres lag *(unten)*.

Die Eroberung der Welt

Auf dem Rücken des Pferdes drang der Mensch an Orte und in Länder vor, die ursprünglich nicht für ihn bestimmt waren. Die Steppen sind zu weitläufig, um zu Fuß durchquert zu werden. Die Mongolen sagen, dass ein Mensch ohne Pferd wie ein Vogel ohne Flügel ist. Dieser Vergleich ist nicht zufällig gewählt. Nur dank des Pferdes konnten sie die unendlichen Weiten der asiatischen Steppen besiedeln.

Von einigen nordamerikanischen Indianerstämmen, die man später Prärieindianer nannte, wissen wir, dass sie vor der Einführung des Pferdes an den Ufern der gewaltigen »Grasmeere« wohnten und diese nur selten betraten.

Die offenen Steppen Asiens, die bis in das Herz Europas hineinreichen, waren für die Reitervölker wie eine Straße, auf der sie keine unüberwindbaren Hindernisse antrafen – keine hohen Gebirgsketten und keine Flüsse, die so breit und reißend gewesen wären, dass man sie nicht hätte überqueren können.

Die gewaltigen Entfernungen konnten diese Menschen in bequemem Tempo überwinden. Von der gegorenen Milch ihrer Stuten berauscht, saßen sie singend im Sattel. Fast ohne es selbst zu merken, legten sie Kilometer um Kilometer zurück, ließen einen Hügel nach dem anderen hinter sich, während es Menschen zu Fuß unsägliche Mühe gekostet hätte, die Strecke unter dem Gewicht des eigenen Gepäcks zu bewältigen.

Vor allem aber hatten sich diese Menschen von dem engen Band befreit, das den Bauern an seinem Boden festhält und das man vielleicht als eine Art Sehnsucht nach der Ernte erklären könnte. Tatsächlich findet der reitende Mensch seine Heimat immer dort, wo seine Pferde und sein Vieh grasen – und natürlich reist auch seine Familie zu Pferde oder auf einem Wagen mit und ist somit nie weit von ihm entfernt.

Marco Polo berichtete, dass jeder der Reiter Dschingis Khans 18 Reitpferde verbrauchte, dass die mongolischen Reiter bei ihren Angriffen innerhalb von 24 Stunden 350 Kilometer weit vordringen konnten und sich dabei ausschließlich vom Blut ihrer Tiere ernährten.

Auf diese Weise fegte der reitende Mensch Zivilisationen hinweg, die ihm auf technischem Niveau überlegen waren. So kam es, dass das alte Ägypten und Mesopotamien untergingen und die Eroberer erst Halt machten, als sie sich den tropischen Regenwäldern Afrikas gegenübersahen. Diese bildeten endlich eine unüberwindliche Schranke, denn in diesen Wäldern lebte und lebt die gefürchtete Tsetsefliege, deren Stich für Pferde und ihre Verwandten tödlich ist. Damit ist dieses kleine Insekt gefährlicher als die Raubtiere, vor denen alte Weltkarten mit ihrem Spruch *Hic sunt leones* warnten.

Syrien, Palmyra
Burg von Tadmor
Arabische Reiter, wie zu Zeiten der osmanischen Herrschaft gekleidet, bei einem Fest in der Wüste *(oben)*. Die Festung von Tadmor inspirierte Dino Buzzati zu seinem Roman *Die Tatarenwüste*.

Syrien, Grenze zum Irak
Die syrische Wüste stellt den äußersten südlichen Ausläufer der Steppen Zentralasiens dar, dieser extremen und rauen Landschaft, die das ungewöhnliche Araberpferd formte *(rechts)*.

Indien, Ladakh
Jang Thang
Hirtennomaden *(Seiten 24–25)*.

Die verwegenen Reiter des Jang Thang

Jang Thang bedeutet auf Tibetisch »Westen«, denn diese Landschaft im Nordosten Tibets liegt westlich von Ladakh (Indien). Die hier lebenden Reiterhirten trotzen verwegen den harten Lebensbedingungen dieser Region, die zwischen 4200 und 4700 Meter hoch liegt. Hier werden die so genannten Kaschmirziegen mit ihrem unglaublich weichen Fell gezüchtet. Man lässt sie von großen Hunden bewachen, die den Tag – wenn sie nicht gerade Murmeltiere jagen – wie im Halbschlaf verbringen, nachts aber durch ihr tiefes Bellen Wölfe und Schneeleoparden vertreiben.

In dieser öden Gegend leben die Khiangs, die tibetischen Halbesel (auch Onager genannt).

Weder die Pferde noch die Zäumungen und Sättel oder gar die Reitkunst der Mar Pa, der Nomaden des Ladakh, entsprechen in ihrer Ausgefeiltheit denen der Nomaden tibetischer Herkunft.

Die beiden Völker, die von der Geschichte gezwungen wurden, Seite an Seite zu leben, sind keine guten Nachbarn. Die Ladakhis hassen die Tibeter, obwohl sie einen ihrer Dialekte sprechen und zu Zeiten des Königreichs dem Dalai Lama als religiösem Oberhaupt Tribut zollten. Im Grunde sind dies die Konsequenzen aus den jahrhundertelangen Expansionsabsichten Tibets, den späteren Überfällen tibetischer Banditen sowie den Einfällen von Tibetern in die Weiden des Ladakh nach der Eroberung Tibets durch die Chinesen.

Die Ladakhis hatten noch nie gute Pferde, außer wenn sie genug Geld besaßen, um sie aus anderen Regionen wie dem Spiti, dem Imachal Pradesh, aus Zanskar oder sogar aus dem chinesischen Turkestan einzuführen.

Bei den Ladakhis ist es Brauch, die Pferde im Sommer zu kaufen und besonders darauf zu achten, dass sie ein dichtes Fell und große Hufe haben.

Sie bevorzugen männliche Tiere, die von Natur aus Pass gehen. Ein gutes Pferd sollte ihrer Ansicht nach in kleinen Schlucken trinken, die Ohren steil aufgerichtet halten und prompt reagieren, wenn sein Reiter aufsteigt.

Wenn auch nomadische Völker den Gebrauch des Pferdes verbreiteten, so wäre es trotzdem relativ logisch anzunehmen, dass es ein halb sesshaftes Bauernvolk war, das das Pferd domestizierte und das Reiten erfand.

Diese Leute gaben an alle, die sie im Laufe ihrer Wanderungen trafen, das Wissen um die Nützlichkeit des Pferdes weiter, auch wenn die Menschen dann noch einige Zeit brauchten, um ihre Angst vor dem Pferd zu überwinden. Später, als sie nicht nur die Pferde, sondern auch die Zahlen und die Schrift beherrschten, entwickelten sie Theorien der Pferdezucht. Um züchten zu können, braucht man Abstraktionsfähigkeit, eine Neigung zu Wissenschaft und zu Hellseherei, aber auch das Vermögen, sich in gewisser Weise mit dem Tier zu identifizieren, sowie Einsicht in die Geheimnisse der Genetik.

Fast immer wurden die Eroberer am Ende vom Luxus und von den Bequemlichkeiten des sesshaften Lebens und der Zivilisation besiegt. Sobald sie sich an den Komfort gewöhnt hatten, hörten sie allmählich auf, Krieger zu sein, verloren ihre physische und psychische Unabhängigkeit und gingen schließlich in den besiegten Völkern auf. Doch das ist eine andere Geschichte.

Oman
Araberpferd – ein Pferd der Wüste?

In vielen Köpfen galoppiert das Araberpferd gemeinhin in der Wüste zwischen hohen Sanddünen. Tatsächlich gibt es über seinen Ursprung aber mehrere Theorien. Erwähnenswert ist, dass die europäischen Käufer die Hengste für ihre Gestüte im späten 19. Jahrhundert in Syrien, aus Aleppo und seltener Damaskus, von Beduinenstämmen erwarben, die ihre Herden in der badiya *(arab. »Wüste«) weiden ließen (von der ihr Name »Beduinen« abgeleitet ist); diese war eine Trockensteppe, keine Sandwüste. Ab und an wurden die Pferde, die Herrschern gehörten, auf anstrengenden Märschen in Oasen gebracht und mit Datteln, Kamelmilch und getrockneten Heuschrecken ernährt, wie viele Autoren berichten. Bei Straußenjagden, die man bis zum Ende des 19. Jahrhunderts abhielt, hetzte man die Vögel zu Pferde durch Steinwüsten, in denen nur niedriges Gebüsch wuchs. Dazu musste man die Pferde in die Wüste bringen. Man band sie an Kamele, die die Vorräte an Trinkwasser und Lebensmitteln trugen.*

Oman
Pferd beim Training *(oben)*.

Äthiopisches Hochland
Sowohl die christlichen als auch die muslimischen Oromo bilden das Reitervolk Äthiopiens. Sie reiten nach semitischer Art mit einem einzigen Zügel und ohne Gebiss und steigen von rechts auf *(Seite 28 oben)*.

Kamerun, Dessa
So könnten die Fulbe-Expeditionen ausgesehen haben, die von der Savanne bis zur Küste und in das Verbreitungsgebiet der für die Pferde tödlichen Tsetsefliege vordrangen, um Elfenbein, Sklaven und Kolanüsse zu erbeuten oder einzuhandeln *(Seite 28 unten)*.

Lesotho
einziges Reiterland im südlichen Afrika

Afrika
Freiheit am Fluss

Kamerun
Das Bad ist einer der seltenen Momente, in denen die Pferde im Afrika südlich der Sahara von ihren Fesseln befreit sind.

Um etwas über Afrika zu erfahren, muss man zum Fluss gehen – und das ist auch der richtige Ort, um die afrikanischen Pferde kennen zu lernen.
Abends kommen die Rinderherden, um das gelbe Wasser zu trinken. Halbwüchsige Jungen steigen auf ungesattelte Pferde, galoppieren an den sandigen Ufern entlang, krempeln sich dann die Hosenbeine hoch und gehen hoch zu Ross ins seichte Wasser. Die Kleinsten spielen nackt. Ein Pferd zu waschen kann ein wunderbares Spiel sein.
Die Sonne ist bereits untergegangen. Nach der staubigen Hitze des Tages ist der Abend angenehm lau. Die Pferde, die ihre Fesseln endlich losgeworden sind, genießen das Bad in vollen Zügen.
Sie legen sich ins 50 Zentimeter tiefe Wasser, stehen schwerfällig auf, schnuppern an der Oberfläche, bespritzen sich mit den Vorderbeinen Brust und Bauch und lassen sich mit halb geschlossenen Augen von den Kindern geduldig waschen.
Die Jungen lachen schelmisch. Zum Zeitvertreib führen sie die Pferde zueinander. Es sind Hengste. Sie wölben den Hals, strecken die Brust vor, blähen die Nüstern. Die Laute, die sie von sich geben, hören sich gefährlich an. Sie drohen einander und warten. Dann klatscht ein Huf auf dem ruhigen Wasser auf, ein wütendes Wiehern zerreißt die Luft. Die Lausbuben lachen wieder und trennen die Rivalen, bevor sie einander Schaden zufügen können.

Lesotho ist ein kleines bergiges Königreich im Herzen von Südafrika. Den Basuto schien es nicht vorherbestimmt, zu Reitern zu werden. Vor den Nachstellungen der Zulu flüchteten sie sich im 19. Jahrhundert in diese natürliche Festung in über 2500 Meter Höhe, die die Berge von Lesotho bilden. 1829 wurde Moorosi, Häuptling der Baphuti, Vasall des Königs der Basuto und schenkte ihm zwei Pferde, die er mithilfe von San-Scouts unweit der heutigen Stadt Dordrecht erbeutet hatte.
König Moshoeshoe lernte ganz allein reiten. Dabei bediente er sich zweier Stöcke, die ihm halfen, das Gleichgewicht zu halten. Er begriff sofort, welche militärischen Möglichkeiten das Pferd bot. Ein Jahr später besaß er bereits eine Garde von 23 Reitern. Dies war der Beginn von Beutezügen, bei denen den Griqua und Koranna Pferde gestohlen wurden, die diese wiederum den Buren und Engländern abgenommen hatten. So wurde Lesotho zum einzigen wahren Reiterland im südlichen Afrika und ist es bis heute geblieben – was auch an der geografischen Lage und den schlechten Straßen liegt.
Wenn man sich mit dem Basuto-Pony beschäftigt, das an Topografie und Klima optimal angepasst ist, darf man nicht das Kappferd vergessen, von dem es abstammt. Die Kapprovinz, die erst in niederländischem, dann in britischem Besitz war, galt vor der Eröffnung des Suezkanals als wichtige

Versorgungsstation für den Schiffsverkehr nach Indien und Indonesien.

Da einerseits zuverlässige Quellen vorhanden sind und andererseits über diese Pferderasse nur wenig bekannt ist, erscheint es gerechtfertigt, hier die Entwicklung und die Kreuzungen anderer Blutlinien zu verfolgen, die zur Entstehung des Kappferdes führten, das einstmals zu den hervorragendsten Pferderassen gezählt wurde.

Die ersten Pferde wurden 1655 von Java in die Kapprovinz eingeführt. 1689 holte man Pferde aus Persien, 1778 weitere Tiere spanischer Abstammung. 1782 kamen die ersten Hengste aus England und Boston, die iberischer und holländischer Abstammung waren. In diesen Jahren wurden auch die ersten Pferde vom Kap nach Australien geschickt. Die Reise endete mit einem Schiffbruch, was zur Folge hatte, dass die Tiere den australischen Kontinent schwimmend erreichten und dort sozusagen freien Hufes lebten und verwilderten.

Zwischen 1795 und 1803 führte man dann im größeren Stil englische Hengste ein, 1807 spanische Pferde und 1808 Pferde aus Neuengland. Zwischen 1811 und 1820 ließ man aus England 18 Hengste und zwei Zuchtstuten kommen und zwischen 1820 und 1830 Nachkommen der berühmten Hengste Herod, Matcham und Eclipse. In den folgenden Jahren ließ die Qualität der importierten Pferde allmählich ebenso nach wie das Niveau der Zucht.

Um diese Zeit wurde das Basuto-Pony geboren, eines der kräftigsten und ausdauernsten Ponys, das von außergewöhnlichen Ahnen abstammte und an die Bedingungen des Landes bestens angepasst war. Ihre Blütezeit erlebte die Rasse in den Burenkriegen, als zahlreiche Tiere in andere Regionen Afrikas, nach Europa und ins gesamte britische Empire ausgeführt wurden. Die Briten etwa kauften während der Burenkriege mehr als 32 000 Basutos und waren dadurch den Buren überlegen, deren eigenes Pony, das Burenpferd, nicht von vergleichbarer Qualität war.

Pakistan, Cholistan
Wüste Thar *(links):* Bei einer Wallfahrt zum Grab eines muslimischen Heiligen erwachen Menschen und Pferde nach einer Nacht unter freiem Himmel.

Pakistan, Baltistan
In den Monaten Ramadan und Muharram spielen die muslimischen Balti nicht Polo, sondern lassen die Pferde auf 4500 Meter hohen Almen frei grasen *(oben).*
Die Einheimischen erzählen von einem sagenumwobenen Polofeld, das man in 5000 Meter Höhe gefunden hatte. Hier sollen in alter Zeit die Könige der Balti gegen die Khans des Khotan, des heutigen chinesischen Turkestans, angetreten sein.

Pakistan, Strand von Karatschi
Es genügt ein Spazierritt am Strand, um die Vergangenheit heraufzubeschwören und sich einige Minuten als berittener Krieger zu fühlen *(oben).*

Indien, Rajasthan
So könnten die Heerlager von Tamerlan, der Moguln, der unbesiegbaren Rajputs und der Arier ausgesehen haben, die den Karakorum und den Hindukusch überwanden, um Indien zu erobern *(Seiten 34–35).*
Eine schöne Geschichte aus Rajasthan erzählt von einem Khan aus Zentralasien, der davon überzeugt war, dass das Araberpferd seine hervorragenden Eigenschaften dem Sand verdankte, auf dem die Stuten ihre Fohlen gebärten. Er ließ sich also eine ganze Schiffsladung Sand kommen, die von einer Kamelkarawane von der Küste bis in sein Reich gebracht werden sollte.
Als ein listiger Rajput davon erfuhr, ließ er die Karawane anhalten und behauptete, der Khan, der den Sand bestellt hatte, sei inzwischen gestorben und die Karawanenführer würden deshalb nicht für den Sand bezahlt werden. Es wäre also sinnvoller, den Sand wegzuschütten und die Kamele mit Früchten zu beladen, die am Zielort teuer verkauft werden könnten.
Die Karawanenführer, die um ihr Geld fürchteten, luden also den Sand ab und ersetzten ihn durch Früchte. Seitdem besitzt der listige Rajput die besten Pferde der gesamten Gegend.
Was aus den Karawanenführern und dem pferdebegeisterten Khan geworden ist, wissen wir nicht.

Französische Pyrenäen

Wenn man Pferde in völliger Freiheit aufzieht, erhält man erstaunlich robuste und trittsichere Tiere, die sich vorzüglich für das Reiten im Gelände eignen. Eines der faszinierendsten Erlebnisse für jeden Geländereiter ist sicher das Treiben einer Pferdeherde, das jeder Pferdefreund wenigstens einmal im Leben mitmachen sollte.

Die Herde ähnelt einer Klasse Schulkinder. Morgens sind alle gut gelaunt, traben statt im Schritt zu gehen und streiten sich nicht allzu eifrig um einen Platz in der Reihe. Später laufen sie weiter auseinander. Je länger man unterwegs ist, je müder sie werden, desto langsamer gehen sie. Jetzt streiten sie sich öfter – stets um die Rangfolge –, schnappen im Vorbeigehen nach Grasbüscheln, trinken einen Schluck Wasser aus einem Bach. Die Fohlen werden von ihren Müttern ein paar Meter weit abgehängt und wiehern dann plötzlich kurz und schrill nach ihnen. Zum Glück lassen sie sich aber schnell wieder beruhigen. Bei jedem Halt senken alle den Kopf ins Gras, um zu fressen, und die Fohlen legen sich hin, um ihre langen Beine auszuruhen.

Wenn man andere Pferde näher kommen hört, kann man nur hoffen, dass es keine Hengste sind. Vorsichtshalber zwingt man den Stuten ein schnelleres Tempo auf, um ihnen keine Zeit zum Nachdenken zu lassen und um zu verhindern, dass es zu längeren Aufenthalten kommt.

Am anspruchsvollsten ist die Aufgabe der Reiter, die die Herde führen. Sie müssen das Gelände kennen und ein Tempo vorgeben, das der Topografie angemessen und weder zu schnell noch zu langsam ist. Außerdem müssen sie verhindern, dass eine Stute, die von einer wirklichen oder imaginären Gefahr erschreckt wurde, davongaloppiert und Chaos auslöst. Eine Vorhut schließt offene Tore ab und blockiert Kreuzungen, an denen die Herde vom rechten Weg abkommen könnte. Ein Reiter mitten auf einem

Weg oder ein lautes Geräusch würden schon genügen, damit sich ein Pferdekopf in die falsche Richtung dreht.
Bei Bedarf reiten die Begleiter an den Seiten der Herde schnell hin und her. Sie müssen die Gruppe zusammenhalten, Ausbrecher zur Ordnung rufen und energisch jeglichen Widerstand unterbinden. Die Nachhut kontrolliert das Tempo, indem sie die Herde vor sich her treibt. Dabei muss sie behutsam vorgehen, da sich eine allzu schnelle Marschgeschwindigkeit unvermittelt in einen kopflosen Galopp verwandeln könnte.
Damit die Stuten und Fohlen nicht zu stark ermüden, legt man immer wieder kleine Pausen ein, in denen die Reiter die Herde im Kreis umstellen. Solange die Pferde gutwillig auf die Reiter reagieren, brauchen diese nicht streng vorzugehen. Eine zufriedene Herde lässt sich immer leichter lenken als eine, die gereizt und aufsässig reagiert.

Irland, Connemara
Auf der Flucht vor der englischen Flotte soll angeblich ein Schiff der Armada 1588 vor der irischen Küste Schiffbruch erlitten haben. Die spanischen Pferde, die es an Bord hatte, retteten sich schwimmend an die Küste, gesellten sich zu einheimischen Stuten und trugen auf diese Weise zur Verbesserung des irischen Pferdebestands bei.
Die spanischen Pferde könnten aber auch ohne Schiffbruch nach Irland gekommen sein, das mit Nordspanien schon seit langem in reger Handelsverbindung stand. Weil die Bewohner Connemaras nicht nur Pferdefreunde, sondern auch Seeleute sind, sollte ihrer Meinung nach der Leib eines gut entwickelten Ponys wie ein umgedrehter Bootsrumpf aussehen.

Frankreich, Camargue
Les Marquises an einem Tag, an dem der Mistral ungemütlich kalt bläst: Die Freuden eines Lebens als »Zentaur« werden gelegentlich von meteorologischen Phänomenen getrübt – von Wind, Regen, Hagel, Schnee, Schlamm und Staub. Angesichts dieser Unbilden tröstet nur, dass es wesentlich schlimmer wäre, zu Fuß gehen zu müssen *(oben)*.

Frankreich, Saintes-Maries-de-la-Mer
Die beiden Wallfahrten nach Saintes-Maries-de-la-Mer bieten die seltene Gelegenheit, Pferde inmitten der Wellen bewundern zu können *(rechts)*. Von diesen beiden Wallfahrten, bei denen »die Heiligen« zum Meer gebracht werden, aus dem sie kamen, ist die Herbstwallfahrt weniger spektakulär, dafür aber zwangloser.

Spanien, Galicien
Vielen ist bekannt, dass die spanischen Pferde, die nach Amerika gebracht wurden, aus Südspanien kamen. Doch nur die wenigsten wissen, dass man auch andere Pferde mit einem abweichenden Körperbau aus Nordspanien nach Amerika eingeführt hatte. Sie wurden vor allem im Hafen von Bayonne eingeschifft *(oben)*.

Spanien, Galicien
Dieses *cavalo do monte* besitzt wie viele Vertreter seiner Rasse einen Schnurrbart, der an die Barttracht eines englischen Sergenten erinnert und die empfindliche Haut vor den Nesselpflanzen der galicischen Macchia schützt *(rechts)*.

Dort, wo die Bäume aufhören, beginnt Peru

Der peruanische caballo de paso *beherrscht den Tölt, eine Form des Passgangs, und bewegt dabei die Vorderbeine auf auffällige, sehr ungewöhnliche Art, die aussieht, als würde er im Sand schwimmen. »Dort, wo die Bäume aufhören, beginnt Peru«, pflegten die Seeleute früher zu sagen. Aufgrund des Einflusses kalter Meeresströmungen wachsen an der südamerikanischen Küste zwischen Ecuador und Peru tatsächlich keine Bäume. Stattdessen erstreckt sich hier eine Sandwüste, deren gewaltige Dünen sich hoch über die dunklen, tosenden Wellen des Pazifiks erheben. Sie setzt sich entlang der peruanischen Küste bis zur chilenischen Grenze fort.*
In dieser ungastlichen Landschaft stand die Wiege des caballo de paso, *dessen Vorfahren von den Spaniern hierher gebracht wurden.*
Dieses faszinierende Pferd unterscheidet sich von den Artgenossen anderer Rassen durch seine Bewegungen, die elegant, harmonisch, Aufsehen erregend und bei alledem für den Reiter auch noch äußerst bequem sind.
Der caballo de paso *ist ein Tölter, bei dem der Passgang zu einer Kunst herangereift ist. Wie ein Kamel bewegt er beide Beine einer Seite gleichzeitig, fußt jedoch im Abstand eines Sekundenbruchteils mit dem Hinterbein vor dem Vorderbein auf. Dadurch entsteht ein ganz besonderer Rhythmus, der auch als* pata-mano-pata-mano *(»Fuß-Hand-Fuß-Hand«) bezeichnet wird. Der Hinterbein-Vorderbein-Bewegungsablauf ist allen drei Gangarten* ambladura, paso llano *und* paso de andadura *gemeinsam.*
Als ob das nicht schon außergewöhnlich genug wäre, führen die stark ausgreifenden Vorderbeine eine Außendrehung durch, die wesentlich barocker wirkt als alles, was im Barock je von Menschen erdacht wurde. Und genau diese Bewegung ist es, die den peruanischen Passgänger von allen anderen amerikanischen Passgängern unterscheidet.

Auf den ausgedehnten Landgütern, die es in Peru in der Kolonialzeit und vor der Landreform gab, brauchte man ausdauernde, leicht zu reitende Pferde, auf denen der chacarero *seine Inspektionsritte durch die Zucker- und Baumwollplantagen* sol a sol *durchführen konnte, also von sechs Uhr morgens bis sechs Uhr abends. In dieser Zeit ritt er an die 50 Kilometer weit über nahezu nichtexistierende, staubige Wege von einem Tal ins nächste, um schließlich umzukehren und den gleichen Weg wieder zurückzureiten, ohne dabei Rückenschmerzen zu bekommen.*
Die Gangarten des caballo de paso *sind sowohl auf die Geschichte, als auch auf die Anlagen dieses außergewöhnlichen Pferdes zurückzuführen. Über das Fohlen sagt man, dass es sich von seiner Geburt an, die Ohren kratzt* (se rasca las orejas), *sich also im Passgang fortbewegt. Später wird diese angeborene Tugend durch den* chalán, *den Ausbilder der Passgängers, mit viel Geduld und durch die Dressur gefestigt und verfeinert.*

Ecuador, Yanahurco
Unterwegs zum alljährlichen Herdenauftrieb *(Seiten 42–43)*.

Ecuador
Dort, wo Anden und tropischer Regenwald aufeinander treffen, galoppiert der *chagra,* der weniger berühmte Kollege von Cowboy und Gaucho. Er ist der letzte wahre Verfechter der altehrwürdigen spanischen Kunst im Umgang mit dem Vieh. Sein Pferd, der kleine, kräftige *paramero,* klettert in einem Gelände umher, in das andere Pferde und auch andere Reiter nicht vordringen könnten *(oben).*

Ecuador
Die *parameros* steigen ins Tal hinab. Der *chagra* sucht sich ein Tier aus der Herde aus, mit dem er seinen Arbeitstag verbringen wird *(Seiten 44–45).*

Abenteuer Amerika

Unter den Erdteilen, die der Mensch und das Pferd eroberten, nimmt Amerika einen besonderen Rang ein. Hier fand das Pferd einen Lebensraum vor, der den Steppen Asiens ähnlich war und ihm sehr günstige Bedingungen bot, sodass es sich hier gut einleben und vermehren konnte.

Bereits acht Jahre nach Kolumbus' erstem Aufenthalt hatten die Spanier in Santo Domingo die ersten Gestüte auf amerikanischem Boden eingerichtet. Weitere entstanden in Kuba, Jamaika und Nicaragua. Die Pferde reisten in Schiffen, in denen sie an breiten Gurten, die unter ihrem Bauch hindurchgeführt wurden, buchstäblich aufgehängt waren. Diese ungewöhnliche Transportart sollte verhindern, dass sie zu stark unter dem Seegang litten.

16 kubanische Pferde waren es, die zur Eroberung Mexikos aufbrachen – eine bunt zusammengewürfelte Herde aus mittelmäßigen Tieren, mit der man heute wahrscheinlich nicht einmal zu einem einwöchigen Wanderritt antreten würde. Vier Reiter teilten sich zwei Pferde. Eine Stute war tragend und brachte noch auf dem Schiff ein Fohlen zur Welt, das wohl das erste war, das seine Muttermilch auf amerikanischem Boden trank.

Hernán Cortés' Pferd starb unmittelbar nach der Landung und der Anführer der Konquistadoren beschlagnahmte das Reittier eines seiner Männer, das er El Morzillo taufte.

Die Anzahl der Pferde, die Francisco Pizarro nach Peru mitbrachte, wird von einigen Historikern mit 37, von anderen mit 62 angegeben. Das Verhältnis zwischen den Inka und den Pferden war von Anfang an schlecht.

Hier die Geschichte, wie sie die zeitgenössischen Chronisten berichteten:

»Am Donnerstag, den 15. November 1533, drangen die Konquistadoren, ohne auf Widerstand zu treffen, nach Cajamarca vor. Dort erwartete sie der Inka Atahualpa oder Atabalica, wie man ihn damals nannte, in seinem von Bäumen umgebenen Lager aus weißen Zelten. Pizarro ließ seinerseits ein Lager aufschlagen und schickte Hernán de Soto und seinen Bruder Hernando zu einem ersten Treffen mit dem Inka.«

Die Chronisten sind uneins darüber, wie viele Pferde diese Vorhut mitnahm – es könnten vier, 14 oder 40 gewesen sein.

Um ins Lager des Atahualpa zu kommen, mussten die Reiter zwei Reihen von Kriegern passieren, die unbeweglich wie Statuen standen und mit Keulen und Schilden, Lanzen und Schleudern bewaffnet waren. Nur das Trommeln der Hufe und das Klirren der Rüstungen unterbrach die Stille.

Die Reiter näherten sich dem Zelt des Inka. Atahualpa, der soeben Krieg gegen seinen Bruder Huascar geführt und diesen getötet hatte, um den Titel des Inka an sich zu reißen, hatte keine Lust mehr Krieg zu führen. Durch seine Kund-

Ecuador

Papacara heißt der Nebel in den Anden, der alles einhüllt und diese Reiter zu Phantomen macht.

schafter wusste er, dass Pferde und Reiter zwei Wesen waren und nicht ein einziges monströses Geschöpf, denn nachts trennten sie sich voneinander und die Pferde wurden von ihren Sätteln befreit.

Atahualpa empfing die beiden Offiziere im Kreise seiner Konkubinen. Er bot ihnen gegorenen Maissaft an. Hernán de Soto erhielt das dem Inka heilige Getränk in einem goldenen Kelch, Hernando Pizarro in einem silbernen. Die beiden Männer, die im gleichen Rang standen, fühlten sich durch die unterschiedliche Behandlung beleidigt und protestierten heftig. Die Spanier wurden von Don Martinillo El Lengua begleitet, einem indianischen Dolmetscher aus Kolumbien, der der erste südamerikanische Indianer gewesen sein könnte, der jemals ein Pferd bestieg. Sie vereinbarten für den folgenden Tag eine Begegnung mit Francisco Pizarro auf dem Platz von Cajamarca.

Um mit seinen Reitkünsten anzugeben, ließ de Soto sein Pferd so nahe am Inka steigen, dass das Tier mit dem Maul die roten Stofffransen, die vor der Stirn des Herrschers hingen, berührte und mit seinem Speichel beschmutzte. Der Inka blieb stehen – zu stolz, um auch nur die geringste Reaktion zu zeigen. Nun wollte Hernando Pizarro nicht hinter de Soto zurückzustehen. Er ritt einen Scheinangriff und ließ sein Pferd vor seinen Bewachern steigen, die ihre Waffen zu Boden warfen und erschrocken davonrannten. Ungehalten über so viel Feigheit ließ der Inka seine Leute mitsamt ihren Frauen und Kindern töten, um aus seinem Heer für immer ein so unmännliches Verhalten zu verbannen.

Am nächsten Tag war aber auch Atahualpas Schicksal besiegelt. Von Francisco Pizarro gefangen genommen, wurden er und 7000 Menschen aus seinem Volk massakriert, ohne dass sie sich gewehrt hätten. Die einzigen Spanier, die dabei verletzt wurden, waren diejenigen, die bei ihren Angriffen auf die Indianer vom Pferd fielen. Der Rest der Geschichte ist wesentlich bekannter.

Ungefähr zur gleichen Zeit brachten die Portugiesen an der Ostküste des Kontinents im heutigen Brasilien ebenfalls Pferde an Land. Die weiten amerikanischen Ebenen, auf denen nur wenige Raubtiere lebten, nahmen großzügig alle entflohenen Pferde auf, die sich in Freiheit rasch vermehrten.

Die Pointe dieser Geschichte aber ist, dass die Pferde, die ursprünglich im urzeitlichen Amerika entstanden waren, aus einem unergründlichen Antrieb heraus den Kontinent verlassen hatten, um nach Asien einzuwandern. Noch geheimnisvoller erscheint uns, dass dies kurz vor oder nach dem Zeitpunkt geschah, als der Mensch die Beringstraße überquert und den gleichen Weg in umgekehrter Richtung eingeschlagen hatte.

Argentinien
Der Gaucho der subtropischen Trockengebiete schützt seine Beine mit *guardamontes*, eigenartigen Lederflügeln, die dem Pferd das Aussehen eines rustikalen Pegasus verleihen. Ohne diese Flügel könnte der Gaucho kaum durch das Gestrüpp reiten, das mit verschiedensten Arten von Dornengewächsen gespickt ist, darunter die wie eine Katzenkralle gekrümmte *uña de gato*. In der dichten Macchia trägt der Gaucho außerdem einen dicken Ledermantel, *el coleto*, und einen Lederhut. So ausgerüstet galoppiert er, von bellenden Hunden begleitet, mit gesenktem Kopf zwischen trockenen Ästen hindurch und versucht mit dem Lasso das Vieh einzufangen, das sich dort versteckt, wo das Unterholz am dichtesten ist. Dabei handelt er sich zahllose Kratzer ein, und der eine oder andere verliert sogar ein Auge.

Den Paläontologen zufolge verbreitete sich Plesihippus, ein primitives, 43 Zentimeter hohes Pferd, sowohl über Südamerika (wo es sich zu Hippidion entwickelte, einer später ausgestorbenen Spezies) als auch über Asien. Hier gingen aus ihm Einhufer hervor, die als Vorfahren der domestizierten Pferde gelten.

Da bis vor rund 8000 Jahren alle Pferdearten in Nord- und Südamerika ausgestorben waren, trafen die Europäer keine Pferde an, als sie Tausende von Jahren später den Kontinent zum ersten Mal betraten.

Natürlich gibt es auch Stimmen, die behaupten, dass sich einige uramerikanische Pferde während all dieser Jahrtausende in einem abgelegenen Tal verstecken konnten und dass ihre Gene bei amerikanischen Pferderassen – noch heute deutlich nachvollziehbar – zutage treten.

Paraguay

Das Wasser ist nicht gerade der natürliche Lebensraum des Pferdes, und trotzdem passt es sich an und ist ein guter Schwimmer. Ein geschickter Reiter kann neben seinem Tier herschwimmen, muss dabei aber aufpassen, nicht von den Hufen getroffen zu werden, denn auch ein unabsichtlich unter Wasser ausgeteilter Huftritt kann schlimme Folgen haben. Ein sehr geschickter Reiter könnte auch versuchen, die Kosaken nachzuahmen, die bei solchen Gelegenheiten aufrecht auf dem Sattel standen – nachdem sie als Vorsichtsmaßnahme die Steigbügel quer über den Widerrist gelegt hatten.

In den Ländern, in denen subtropische Regengüsse die Weideflächen überfluten – in Paraguay, in den argentinischen Bundesstaaten Corrientes und Misiones, im brasilianischen Pantanal, im bolivianischen Beni oder in der südfranzösischen Camargue –, sind die Pferde unverzichtbare Helfer bei der Suche nach Tieren, die sich auf aus dem Wasser ragenden Anhöhen gerettet haben oder sich im Gestrüpp verstecken.

Am besten eignet sich für diese Arbeit ein Pferd, das in der betreffenden Gegend aufgewachsen ist, Untiefen und Schlammlöcher – wohl mehr aus eigener Erfahrung als aus hellseherischen Fähigkeiten – zu erkennen vermag und geistesgegenwärtig reagiert, wenn es im Galopp strauchelt, um seinen Reiter nicht in einen Sturz mit katastrophalen Folgen zu verwickeln.

In diesen ausgedehnten Sumpfgebieten können sich die Pferde von Gräsern ernähren, die unter Wasser wachsen. Ein erfahrenes Pferd nimmt sich auch vor Alligatoren in Acht, die sich unauffällig wie von der Strömung herbeigeschwemmte Baumstämme nähern. Außerdem versteht es ein solches Tier, stundenlang Wegen zu folgen, die unter den Wasserfluten verborgen sind.

ARGENTINIEN MYTHOS UND ALLTAG DES GAUCHOS

Die romantische Figur des Gauchos, Held der argentinischen Literatur, den man sich oft als Mischung aus edlem Banditen und Schiffbrüchigem im Grasmeer der Pampa vorstellt, existiert in Wirklichkeit nicht mehr. Wollte man einen gewagten geografischen und linguistischen Vergleich nahe legen, könnte man an dieser Stelle erwähnen, dass das Wort »Kosake« vom türkischen Wort kazakh *abgeleitet sein soll, das »Vagabund« bedeutet.*
Der Gaucho war früher ein Mestize oder ein Weißer, der aus irgendeinem Grund die Wildnis aufgesucht hatte – mitunter deshalb, weil er desertiert war. Viele Begriffe aus der Seefahrt könnten bei der Entstehung dieses Wortes Pate gestanden haben, aber auch Begriffe aus der Sprache der Maultiertreiber verschiedener spanischer Regionen.
Von den Indianern hatte er die Gewohnheiten, den schlichten Lebensstil und den Gebrauch der boleadoras *(Wurfseil mit Kugeln am Seilende) übernommen. Er aß nur gegrilltes Fleisch. Die Kranken bekamen eine Brühe aus einem Stück Fleisch, das man in einem Rinderhorn gekocht hatte. Der Feuerwaffe zog er das Messer und die* boleadoras *vor.*
Er ritt durch die Pampa und war sich selbst genug. Seine Laster waren der Tabak, der Zucker und der Matetee, den er sich in den pulperías *kaufte, die so etwas wie die Außenposten der Zivilisation im Herzen der wilden Pampa darstellten.*
Die einzige Tätigkeit, die ihm seiner würdig erschien, war vaquear*, das Beaufsichtigen verwilderter Rinder. Auf der Jagd setzte er die* media luna *ein, eine Lanze, mit der er die Beinsehnen der Tiere durchschnitt, um sie danach leichter erlegen zu können. Das Fleisch des Wildes war für ihn wertlos; er tötete es nur wegen seines Fettes und seines Leders.*
Die Unterdrückung lernte der Gaucho kennen, als 1815 ein Gesetz erlassen wurde, das Landstreicherei mit fünf Jahren Militärdienst bestrafte. Vor allem aber die Erfindung des Stacheldrahts schränkte die Freiheit des Gauchos ein.

Er trug eine chiripa*, eine Art langen Wickelrock aus festem Leinen, sowie Stiefel, die vorne offen waren, damit er sich mit den Zehen an den Steigbügeln festkrallen konnte. Diese Stiefel stellte er selbst aus dem Leder der Hinterbeine eines Fohlens, Maultiers, Esels, Rinds oder aber aus dem Fell einer Wildkatze her. Er zog sich das noch frisch gehäutete Leder über die Beine, das sich auf diese Weise leicht in die gewünschte Form bringen ließ.*
Auf dem Kopf trug er einen Hut aus panza de burro*, den er fertigte, indem er aus dem Bauchteil einer Eselshaut ein kreisrundes Stück ausschnitt und über einem Pfahl formte.*
Inzwischen ist das Wort Gaucho, das in der Vergangenheit einen negativen Beigeschmack hatte, zu

einem Kompliment geworden und bezeichnet einen mutigen und loyalen Menschen. »Hágame una gauchada« bedeutet *»erweise mir einen Gefallen«. Andererseits ist Gaucho kein Beruf. Man nennt den berittenen Viehhirten* peón a caballo *oder nur* peón *und fügt je nach Region und Art von Arbeit, die er leistet, einen ergänzenden Begriff* an.

Bis in die 1960er Jahre hinein hütete man das Vieh im offenen Gelände ohne Zäune, was überdurchschnittliche Fertigkeiten im Umgang mit Pferd und Lasso erforderte. Die Einführung der von Palisaden umfriedeten Viehschleuse und der Zäune machte die Arbeit leichter, schneller und für das Vieh erträglicher. Zugleich büßten die Gauchos viel von ihrem früheren Können ein. Heute besitzen nur noch wenige von ihnen die traditionelle Kleidung, die zu teuer geworden und viel zu mühsam zu pflegen ist, und kleiden sich stattdessen in Jacken und Jeans aus der Stadt.

Die weiten Hosen oder bombachas, *die im Norden weiter und im Landesinneren enger und beim Reiten ebenso bequem wie elegant sind, sollen nach dem Krimkrieg aus Militärbeständen nach Argentinien gelangt sein.*

Die gut angezogenen, mit Silber geschmückten Gauchos auf Fotos sind oft nur Sonntagsgauchos. Es gibt in Argentinien so viele Typen von Gauchos, die sich in ihrer Tracht und ihrer Art, ein Pferd zu satteln, unterscheiden, wie es in diesem Land verschiedene Landschafts- und Klimatypen gibt.

USA, Montana
Seven Eagles Ranch
Mit angelegten Ohren verteidigt der Hengst sein Revier und seine Stuten. Alle Rivalen werden rigoros vertrieben *(oben).*

Eine Gruppe Junggesellen wartet darauf, dass der Hengst einen Augenblick lang unaufmerksam oder unvorsichtig ist, um ihm eine seiner Stuten zu entführen *(unten).*

USA, Montana
Im Gebiet der Blackfoot *(rechts).*

An den Rändern der Welt

Die Geschichte drängte die Reiternomaden in die Hochländer Afrikas und Asiens zurück, auf denen heute die letzten äthiopischen, iranischen, kasachischen, kirgisischen, tadschikischen, ladakhischen und tibetischen Nomaden auf der Suche nach Weiden für ihre Herden umherstreifen. Diese unermüdliche Suche mutet einen verwegen an, wenn man die Lebensbedingungen und die Unbilden des Wetters kennt, denen sich diese Menschen aussetzen.

Was für ein seltsames und vollkommen unromantisches Leben führen doch diese Leute, die tausende Stück Vieh besitzen. Ein elendes Leben, wenn man bedenkt, unter welchen hygienischen Bedingungen sie ihr Dasein fristen, dass sie keinen Zugang zu Bildung haben und oft schlecht ernährt sind. Ein hartes Leben, nur hier und da von Ruhephasen unterbrochen, die sie im günstigsten Fall in Zelten verbringen, die von dichtem Rauch erfüllt, von Winden geschüttelt, von der Sonne erhitzt oder vom Schnee bedeckt und von Wölfen umzingelt werden. Trotzdem würden sie niemals auf dieses Leben verzichten wollen, vor allem nicht die älteren unter ihnen, und mit Sicherheit würden sie es nicht gegen ein anderes tauschen wollen, das ihnen mehr Komfort, dafür aber weniger Freiheit bietet.

Das Verschwinden offener Flächen, deren kärgliche Reste auf immer trockenere Landstriche beschränkt werden, scheint ebenso wie das Verschwinden von Nomadenvölkern so etwas wie eine späte Rache der sesshaften Bevölkerung nach Jahrtausenden der Schreckensherrschaft und der Überfälle zu sein. In Amerika haben die industrialisierte Landwirtschaft und die moderne Viehhaltung alle Gebiete erschlossen, die erschlossen werden konnten. Seitdem gibt es den reitenden Menschen als Viehhüter nur noch in den Sümpfen, auf Trockensteppen oder aber dort, wo stacheliges, undurchdringliches Gestrüpp den Boden bedeckt – an den Rändern der Welt.

USA, Montana
Seven Eagles Ranch

Ein Mustanghengst kontrolliert den Dung, mit dem die Hengste ihr Revier markieren *(oben).*

Obwohl sie soweit auseinander liegen, bieten sowohl die Graslandschaften Patagoniens als auch die der USA dem Pferd einen Lebensraum, der dem seiner asiatischen Heimat sehr ähnlich ist *(Mitte).*

Das im Februar geborene Mustangfohlen hat durch die Kälte seine Ohrspitzen eingebüßt. Zu den natürlichen Feinden der Pferde zählen außer extremen Wetterbedingungen verschiedene Raubtiere: in Asien und Europa der Wolf, in Nord- und Südamerika der Puma, streunende Hunde, die in Argentinien noch immer sehr zahlreich sind, sowie die texanischen Ameisen. Vom Geruch der Plazenta angezogen, können diese ein neugeborenes Fohlen in einer Nacht vertilgen *(unten).*

USA, Wyoming
Pryor Mountains

Der Begriff mustang, *abgeleitet vom spanischen* mesteño, *bezeichnet ein Pferd beliebiger Herkunft, das wieder verwildert ist. Im Englischen nennt man* es maverick, *während die verwilderten Pferde in anderen Teilen Amerikas* alzados, baguales *oder* cerreros *heißen.*

Die Regierung der Vereinigten Staaten und die Ranchbesitzer haben für diese kleinen, als unnütz geltenden Pferde immer wenig Sympathie gezeigt. Seit den 1920er Jahren sind viele dieser Tiere in der Dose gelandet. Nach wiederholten Zusammenstößen konnte nur das Engagement von Menschen wie dem lutherischen Pastor Floyd Schwieger, der noch mit über achtzig Jahren in den Bergen patrouilliert und »seine« Pferde bewacht, verhindern, dass die Mustangs nicht für immer verschwunden sind. Sie gelten als Eigentum des Bureau of Land Management.

Inzwischen hat sich die Lage verändert und der Kreis der Freunde der Mustangs ist größer geworden.

Das genetische Erbe dieser Tiere geht auf jene Vorfahren zurück, die von den spanischen Eroberern eingeführt wurden. Aufgrund der Abgeschiedenheit, in der einige Herden lebten, blieb dieses Erbe über Jahrhunderte erhalten.

Unter den verschiedenen Herden, die in den USA leben, zählen die 200 Pferde der Pryor Mountains an der Grenze zwischen Wyoming und Montana zu den interessantesten.

Zwei Genetiker, Dr. Cothran von der Universität von Kentucky und Dr. Sponenberg von der Universität von Virginia, haben durch genetische Tests an ungefähr 72 Tieren eine »starke Verbindung« zu spanischen Pferden nachgewiesen, insbesondere zum puertoricanischen paso fino.

USA, Montana
Blackfoot-Gebiet

Man hat sicher nicht alle Tage Gelegenheit, bei einem Schwimmwettkampf zwischen Pferden zuzusehen. Ich bekam diese Chance, als ich mich im Norden von Montana in einem Blackfoot-Reservat nahe der kanadischen Grenze wegen eines Pferderennens aufhielt. Es sollte nach Art des Pony-Express stattfinden: über eine Strecke von 13 Meilen mit drei Pferdewechseln. Nach dem ersten Wechsel hatten die Veranstalter die Durchquerung eines Sees vorgesehen. Nicht alle Pferde zeigten sich von der Idee begeistert, mit einem Reiter auf dem Rücken schwimmen zu müssen. Die einen paddelten in eine selbstgewählte Richtung davon, die anderen stiegen, sodass sie einen Augenblick lang wie Unterwassergeschosse aussahen, die zum Himmel emporflogen. Dennoch kamen alle Pferde mit dem Reiter, mit dem sie ins Wasser gegangen waren, auch wieder heraus. Der Anblick ihrer Hälse, die mit wellenartigen Bewegungen im Wasser vor und zurück schwangen, erinnerte mich an eine alte Sage der Nehiyaws aus Saskatchewan.

»Ein junger Mann, der wesentlich zierlicher gebaut war als seine kräftigen Brüder, hatte einen Traum. Er träumte von einem großen Tier, das für sein Volk ein Helfer bei der Jagd und den Wanderungen sein konnte. Auf den Rat seiner Großmutter hin zog er sich ein paar neue Mokassins an und brach auf, um einen alten Mann mit weißen Haaren aufzusuchen, der an einem See lebte. Auf seiner Reise begegnete er an jedem Abend einer alten Frau, die ihm zu essen gab und ihm ein Paar neuer Mokassins schenkte. Schließlich kam er zu dem weisen alten Mann, der ihn mürrisch empfing.

Nachdem er jedoch gehört hatte, wovon der junge Mann geträumt hatte, machte der alte Mann, dass sich die Oberfläche des Sees kräuselte, sodass Wellen entstanden – und die Wellen wurden zu Hälsen und Köpfen von Pferden.

So kamen die ersten Pferde aus dem See: zuerst die Schimmel, dann die Rappen, die Braunen, die Schecken, die Palominos, die Füchse, die Grauen, die Rotschimmel und schließlich die Dunkelfalben. Der junge Mann konnte zu seinen Leuten zurückkehren – mit den Pferden und einem schönen Sattel, den der alte Mann ihm geschenkt hatte. Auf dem Rückweg ging der junge Mann langsam und freundete sich mit den Tieren an, die seinem Volk von nun an bei der Jagd und den Wanderungen von großer Hilfe sein würden.«

In Sagen werden Pferde oft mit Wasser, Blitz und Himmel in Verbindung gebracht. Nach der Vorstellung der Griechen der Antike erschuf der Meeresgott Poseidon das Pferd, indem er mit dem Dreizack auf einen Felsen schlug. Pegasus ließ mit einem Schlag

seines Hufs aus einem Felsen einen Bach entspringen, und die Zentauren sind aus Quellen geboren. Das Pferd, das im Wasser um sich schlägt, erinnert mich allerdings auch an eine gewitzte Methode der Prärieindianer, Pferde zuzureiten. Dazu gingen sie mit zwei Pferden ins Wasser – mit einem älteren erfahrenen und einem jungen, das noch nie geritten worden war. Wenn das Wasser den Pferden bis zur Brust reichte, schwang sich ein Mann auf den Rücken des jüngeren Tiers. Das Wasser hinderte das Pferd an allzu heftigen Bewegungen und fing die Stürze des Reiters auf.

USA, Montana

Brockway ist die »Sklaveninsel Gorée« der Pferde des amerikanischen Westens. Durch diese Bretterzäune trieb man Ende des 19. und Anfang des 20. Jahrhunderts die Nachfahren der Veteranen der Büffeljagden und Indianerkriege, die nach Europa eingeschifft wurden, um dort auf dem Teller zu landen *(oben)*.

Indianerpferde

USA, Montana
Blackfoot-Indianer in Zeremonialkleidung *(oben)*.

USA, Montana
Ekalaka
Studebaker Modell 49 und Schecke *(Seiten 58–59)*: Die Ranches und Indianerreservate sind oft riesige Freilichtmuseen für Autos aus längst vergangenen Tagen – oder riesige Autofriedhöfe. Vielleicht lässt sich das eine oder andere Teil ja noch einmal nutzen – und Platz gibt es genug. Zum Glück ist die Witterung gnädig und integriert auf ihre Weise den Schrott in die Landschaft.

Die Geschichte der Verbreitung des Pferdes bei den nordamerikanischen Indianerstämmen ist sehr lehrreich, denn sie lässt auch Rückschlüsse auf die Verbreitung der Domestikation sowie der Pferdezucht und des Reitens in Zentralasien zu, die etliche Jahrhunderte früher stattfanden. Wir denken immer, die Indianer seien seit jeher großartige Reiter gewesen. In Wirklichkeit aber war alles ganz anders.
Es gab eine Zeit, in der die Stämme, die die großen Ebenen besiedelten, zu Fuß gingen: ihre einzigen »Lasttiere« waren Hunde ... und Frauen.
Die Stämme der nördlichen Prärie entdeckten das Pferd erst um 1710, 1730 oder sogar erst um 1780. Die eigentlichen Verbreiter der Pferde waren die Comanchen, Apachen und Kiowa, die sie von den Spaniern in New Mexico und Kalifornien bisweilen erbeutet oder mitunter auch gekauft hatten.
Sie brachten die Tiere in den Norden, um sie an Stämme weiterzuverkaufen, mit denen sie stammespolitische und Handelsverbindungen unterhielten, wie zum Beispiel den Mandan, die Ackerbauern

waren und ihnen Tabak, Feldfrüchte, traditionelle Waffen und Feuerwaffen lieferten. Die Spanier hatten zwar die Abgabe von Waffen an Indianer verboten, die Engländer und Franzosen jedoch nicht. Die Ackerbau betreibenden Stämme unterhielten ihrerseits einen regen Pferdehandel mit anderen Stämmen des Nordens, mit Lakota, Dakota, Crow, Cheyenne und Blackfoot. Diese erwarben ihre ersten Pferde meist auf friedlichem, kommerziellem Weg und nur selten durch räuberische Überfälle. Zeitgenössischen Berichten zufolge waren die besten Reiter die Comanchen und die Ute, was darauf zurückzuführen sein könnte, dass sie mit ihren Pferden in den Bergen Wild jagten und dabei reichlich Gelegenheit zum Lernen und Üben hatten. Sie ritten übrigens mit relativ kurzen Steigbügeln.

Ein Pferd zu besitzen bedeutet allerdings nicht zwangsläufig, es auch zu reiten. Alte Geschichten überliefern die Angst der Indianer bei deren ersten Begegnungen mit Pferden vor den plötzlichen Bewegungen dieser Tiere. Solange die Indianer nichts über die Kunst des Reitens wussten, nutzten sie die Pferde als Packtiere oder ließen sie travois *(Schleifgestelle) ziehen wie die Hunde.*

Natürlich musste man dem neuen Tier einen Namen geben. Die meisten Stämme nannten es »großer Hund« oder »Hirschhund«. Interessant ist, dass die Polynesier, da sie das Pferd als Tierart nicht kannten, dieses »das Schwein, das schnell läuft« tauften.

Auf die Pferdekäufe folgten Pferdediebstähle. Die Krieger machten ein Spiel daraus, das ihnen erlaubte, Ruhm zu erringen und Stoff für ihre Heldenlieder zu sammeln. Die Raubzüge, die von dem Gebiet an der kanadischen Grenze bis nach New Mexico ausgedehnt werden konnten, verliefen nach dem gleichen bewährten Muster, nach dem die Indianer vor der Ankunft des Pferdes Sklaven erbeutet hatten. Der erfolgreiche Raub von Frauen und Skalps, von Sklaven und später von Pferden brachte einem Krieger mehr Ehre ein als das Töten von Feinden im Krieg.

Die Ankunft des Pferdes revolutionierte das Leben der Prärieindianer, die bis dahin halbnomadisch an den Rändern der großen Ebenen gelebt hatten, in wirtschaftlicher und sozialer Hinsicht.

Weil das Pferd die Büffeljagd erleichterte, kam es zu einem Überangebot an Nahrung. Andererseits führte die Übernahme des Pferdes auch zu sozialer Ungleichheit, denn nun wurde ein Mann nicht mehr nach seinen Fähigkeiten und Tugenden beurteilt, sondern nach der Anzahl von Pferden, die er besaß. Den Frauen verschaffte das Tier mehr Freizeit: Sie brauchten bei Wanderungen nicht mehr so schwer zu tragen und nun auch nicht mehr mit auf die Jagd zu gehen, um beim Ausweiden und Zerteilen der Beute zu helfen. Stattdessen verbrachten sie mehr Zeit mit ihren handwerklichen Tätigkeiten.

Als Zug- und Packtier wirkte sich das Pferd auch auf die Maße der Zelte aus, die wesentlich größer und komfortabler wurden. Schließlich konnten sich die Indianer nun auch die Handelswaren der Weißen leisten, besonders Perlen und Waffen, die sie gegen die von den Weißen sehr geschätzten Bisonhäute eintauschten.

Doch war der Beginn der Geschichte der Reitkunst der Indianer gleichzeitig der Anfang vom Ende ihrer Geschichte als selbstbestimmte Stämme. Die Geschichte ihrer Reitkunst umfasste 130 Jahre und endete mit dem Verschwinden der Bisons und der »Bisonkultur« der Prärieindianerstämme.

USA, Montana
Ein nebliger Morgen auf einer Lichtung in den Rocky Mountains.

Die Pferdebox oder Wie grausam ist der Mensch

Indien, Rajasthan
Niemand weiß, ob die Form der Pferdeohren die indische Architektur beeinflusste – oder umgekehrt *(Seite 63)*. Die *marwari*-Pferde und in noch stärkerem Maße die *kathiawari*-Pferde kneifen angeblich, wenn sie zufrieden sind, die Ohrspitzen so fest zusammen, dass eine Münze, die man dazwischen steckte, nicht hinunterfallen würde. Beide Rassen, die eine aus Rajasthan, die andere aus dem indischen Gujarat, wurden so oft miteinander gekreuzt, dass man sie heute nur noch schwer voneinander unterscheiden kann. Es soll nur noch 500 reinrassige *marwari* geben.

Die einzige wahre Grausamkeit, die der Mensch dem Pferd zufügte, sind meiner Ansicht nach weder das Zaumzeug, noch die Sporen oder die Peitsche – es ist die Box. In seiner grenzenlosen Ich-Bezogenheit, die auch in seiner Beziehung zum Pferd bestimmend ist, hält der Mensch ein Dach über dem Kopf und Wärme für die höchsten Güter. Dem Pferd, das ein Fell bedeckt, machen Frost, Regen und Schnee dagegen wenig aus.

Wie schon die verbreitetsten Verhaltensstörungen von Pferden zeigen – zum Beispiel das Koppen (ständiges Luftschlucken) und das Weben (nervöses Pendeln mit Kopf und Hals) –, nimmt die Box dem Pferd zwei seiner wichtigsten Freiheiten: einerseits Beziehungen zu seinen Artgenossen zu unterhalten und andererseits bei drohender Gefahr zu fliehen. Seine Fähigkeit zur schnellen Flucht ist nichts anderes als die Überlebensstrategie des wilden Pferdes. Die Box jedoch unterminiert seine Persönlichkeit und das natürliche Verhalten.

Die afrikanischen Pferde, die zwar angebunden und gefesselt werden, jedoch immer in der Nähe des Hauseingangs bleiben, der einen möglichen Fluchtweg darstellt, und die von Ziegen, Hühnern, Kindern und Hunden ständig besucht werden, zeigen trotz ihrer Fesseln keine auffälligen Verhaltensänderungen.

Rajasthan
im Hof eines Rajput

Ein alter Rajput, ein ehemaliger Offizier, erzählte mir in seinem schönen Garten, dass die Pferde noch in drei Kasten eingeteilt wurden, als er ein Kind war. Nun weiß man ja, wie wichtig die Kasten in Indien im Allgemeinen und in Rajastan im Besonderen sind.

Es gab also die verwöhnten Brahmanenpferde, die nur äußerst sauberes Wasser tranken und sich weigerten, sich von einem Fleischesser reiten zu lassen, den sie am Geruch erkannten.

Dann gab es die Rajputpferde, die sich jeweils nur von einem einzigen Reiter reiten ließen. Wenn die Wasseroberfläche mit Schmutz bedeckt war, säuberten sie sie mit ihrer Nase, und wenn ihr Reiter in der Schlacht oder sogar im Galopp stürzte, hielten sie an und kehrten zu der Stelle zurück, an der er lag.

Der Offizier erzählte mir auch, dass er in seiner Jugend eines dieser Pferde geritten hatte. Da er aber nicht so recht an die besonderen Eigenschaften des Tiers glauben wollte, ließ er sich einmal aus dem Sattel fallen, und tatsächlich blieb das Pferd neben ihm stehen. In den Rajputfamilien ließ man das neugeborene Fohlen an einem Schwert lecken, das vom Blut einer zuvor eigens getöteten Ziege benetzt war, damit aus dem Fohlen ein gutes Schlachtross wurde.

Schließlich gab es noch die Pferde niederer Kaste, die jeden beliebigen Reiter trugen, schmutziges Wasser tranken und Wasser, das noch sauber war, absichtlich verunreinigten. Wenn der Ritt durch Wasserläufe führte, ließen sie sich hineinfallen – und ihr Reiter landete im Schlamm.

Pakistan, Lahore
Auf dem Markt der Kutschpferde: In Lahore gibt es noch ungefähr 10 000 Kutschen, die vor allem bei ärmeren Leuten als öffentliche Verkehrsmittel sehr beliebt sind *(oben).*

Afghanistan, Umgebung von Herat
In vielen Ländern Zentralasiens gibt es Winterställe und Sommerställe. In die einen scheint nach Möglichkeit die Sonne hinein, während die anderen schattig und kühl bleiben *(ganz oben und rechts).*

Irland

Rückkehr vom Turnier *(oben)*.

Spanien, Estremadura

Cortijo Pallares

Ein typisches Bild aus dem ländlichen Spanien *(links)*: Vier *jacas colinas*, Gebrauchspferde mit gestutztem Schweif, warten auf den Beginn ihres Arbeitstages. Noch sind die Sättel mit Schonern aus Leinen bedeckt.

Kamerun
Schattiger Stall *(oben).*

Spanien, Jerez de la Frontera
Cortijo de Vicos
Im *yeguada militar* (Militärgestüt) werden die arabischen Zuchtstuten getränkt – ein besonderer Moment, der reich an ästhetischer Schönheit ist, aber auch Einblicke in das soziale Leben der Pferde bietet *(rechts).*

Reitergräber

Angesichts der gesellschaftlichen, wirtschaftlichen und politischen Bedeutung, die mit dem Besitz von Pferden zu Lebzeiten einherging, ist es nur verständlich, dass Menschen sich wünschten, ihre Lieblingspferde mit in den Tod zu nehmen. Reitergräber, in denen Pferde lagen, die man getötet und zusammen mit ihrem Besitzer bestattet hatte, fand man an vielen Stellen in Asien, Europa und Amerika.

Die Blackfoot zum Beispiel pflegten noch bis in die 1960er Jahre hinein heimlich ein Pferd auf dem Grab seines Reiters zu opfern. Die ältesten Reitergräber stammen aus der Zeit um 3000 v. Chr.

Die Pferde wurden gewöhnlich erwürgt oder man ließ sie ausbluten. Seltener schlug man ihnen den Schädel ein oder erschoss sie. Meist handelte es sich um ein einziges Tier, aber man fand auch schon 50 Pferdekadaver, die im Kreis um den Körper des Verstorbenen angeordnet waren, wie in den großen Kurgans, den Grabhügeln, die es zwischen dem Altai und dem Schwarzen Meer gibt.

Herodot beschreibt ein Skythenbegräbnis aus dem 3. Jahrhundert v. Chr., bei dem man 50 auf Pfosten montierte, ausgestopfte Pferde und 50 ebenfalls ausgestopfte Sklaven zu einer makabren Ehrenwache arrangiert hatte.

Man sagt, dass im Rahmen der Beisetzungen von Reitern oft Sklaven und Konkubinen geopfert wurden, doch fand man auch häufig Pferde, die wohl aus anderen, noch unbekannten Gründen getötet wurden als dem, einen Verstorbenen zu begleiten: Hengste und Stuten mit ihren Fohlen sowie zwei Pferde, die Seite an Seite lagen.

Mit der Zeit wurden die Pferde zum Beispiel in China durch Statuetten aus Ton oder vergoldeter Bronze ersetzt, was uns erlaubt, die Anatomie sowie die Sättel und Zäume der Tiere zu studieren.

In sehr kalten Regionen blieben außer Sätteln, Zäumen und Decken auch die Kadaver einiger Tiere sehr gut erhalten, sodass sich sogar ihr Alter ermitteln ließ: Unter ihnen waren alte Hengste von ungefähr 20 Jahren, die ihren Herrn vermutlich auf den Kriegszügen begleitet hatten.

Nun wartet man ungeduldig auf die Ergebnisse der DNS-Analysen, von denen man sich neue Erkenntnisse über diese Pferderassen der Antike und ihre Verbreitung erhofft.

Das Pferd spielt bei Beisetzungsriten jedoch nicht nur als Opfer eine Rolle. Bekannt ist die Geschichte des Cid el Campeador, der während einer Belagerung zu Tode kam und auf sein Pferd Babieca gebunden wurde. So führte er doch noch den Angriff seiner Armee gegen die Mauren an. Auf die Bitte des Cid hin wurde Babieca nach seinem natürlichen Tod nahe dem Grab seines Herrn bestattet.

Das ungewöhnlichste Pferdeopfer, das wiederum in keiner Beziehung zum Tode eines Menschen steht, ist der vedische Ritus asvamedha*.*

Seine extreme Komplexität, über die außerhalb des engen Kreises der Indologen wenig bekannt ist, gibt Anlass, sich einen Augenblick lang mit jenem Teil des Ritus zu beschäftigen, in dem es um das Tier selbst geht.

Der gesamte Ritus wurde »König der Riten« genannt. Nur ein siegreicher, machtvoller König konnte ihn abhalten. Er garantierte die Erfüllung aller Wünsche sowie die Vergebung aller Sünden und war nur noch dem Menschenopfer untergeordnet, das er jedoch auch ersetzt haben könnte. Die Vorbereitungen nahmen ein Jahr und die anschließenden Zeremonien das gesamte folgende Jahr in Anspruch. Das Pferd musste ein zugerittener Rassehengst sein. Die Feierlichkeiten begannen im Frühjahr: Man rieb die Zügel des Opfertiers mit dem Reisbrei ein, von dem sich die vier Hauptpriester ernährten. Dieser Reisbrei wurde in vier Arten von Wasser gekocht: Regenwasser, das aus einem sonnigen Himmel gefallen war, Brunnenwasser, stehendes Wasser und fließendes Wasser. Am nächsten Tag wurde der Hengst in stehendes Wasser getaucht und damit bespritzt. Ein Hund mit einem Fleck in den Augen

wurde von einem Mann niederer Kaste geopfert, der den Hund auf das Wasser legte, nach Süden ausrichtete und unter dem Pferdebauch treiben ließ (der Hund verkörperte in diesem Zusammenhang das Unglück).
Mit einem Schilfbesen wurde das Pferd nun zum Ufer hin geschoben (das in der vedischen Symbolik auch mit dem Wasser verbunden ist) und schließlich in Begleitung von 100 erwachsenen Pferden und 400 Soldaten so frei gelassen, dass er in nordöstliche Richtung lief – die Richtung, in der man zum Himmel und zum Sieg gelangt. Ein Jahr lang ließ man das Tier umherstreifen, verteidigte es gegen seine Feinde und hielt es keusch und rein. Danach wurde es zum Palast zurückgebracht und in einen Pferch aus dem Holz des Ficus religiosa *gesperrt.*
Die Frauen des Herrschers schmückten und salbten den Hengst und spannten ihn vor einen Wagen, auf dem der bewaffnete Fürst im Galopp zum Wasser fuhr, um sein Pferd zu baden. Danach wurde der Hengst mit einem Seidenschal erwürgt. Zusammen mit ihm opferte man 609 weitere Tiere.
Die vier Ehefrauen des Königs ehrten den toten Hengst. Die erste legte sich neben den Kadaver und dessen Penis an ihren Bauch. Bevor das Pferd gehäutet wurde, ritzten die drei anderen Königinnen seine Haut mit Nägeln aus Gold, Kupfer und Blei dort, wo das Messer schneiden sollte.
Die eigentliche Bedeutung dieses Ritus könnte in der Huldigung der Fruchtbarkeit sowie der Reinigung und Erneuerung des Kosmos bestehen. Möglicherweise galt er jedoch als Sühneopfer, das die weitere Ausdehnung des Reiches gewährleisten sollte und in dem das Pferd für die Königswürde und die Sonne stand. Seine ein Jahr dauernde Wanderung in Keuschheit sollte dem Land zu einem Zuwachs an Macht verhelfen.
Viele Könige haben auf diese Weise Pferde geopfert. Zum letzten Mal wurde asvamedha *im 18. Jahrhundert durch den Maharadscha von Jaipur zelebriert.*

China, Pamir
Muslimisches Grab im Pamir, im chinesischen Turkestan, geschmückt mit einer stilisierten Pferdestatuette aus Holz, Kalk und Lehm.

REITERVÖLKER

REITERVÖLKER

Spanien, Galicien
Rapas das bestas
Der erste Versuch, ein Pferd zu reiten, kann auch so aussehen *(Seiten 70–71).* Allerdings ist die physische Kraft des Tiers hier noch nicht dem menschlichen Willen unterworfen. Der »Pferdemensch« ist noch nicht geboren.

Mongolei
Um 3,5 Liter Milch zu erhalten, muss eine Stute siebenmal am Tag gemolken werden *(Seite 73).*

Den ersten Kontakt zu Wildpferden hatte der Mensch auf der Jagd – er nutzte sie jahrtausendelang als Nahrungsquelle. Über die Anfänge der Domestikation und der Reitkunst gibt es verschiedene Theorien, die sich wohl in erster Linie deshalb entwickeln konnten, weil es keineswegs leicht ist, die Knochen wilder Pferde von denen ihrer zahmen Artgenossen zu unterscheiden, besonders wenn es sich um Funde aus sehr alter Zeit handelt.
Sicher gab es zu Anfang eine Epoche, in der das Pferd – oder genauer gesagt die Stute – ein relativ zahmes Tier war, dessen Milch man molk und dessen Fohlen man schlachtete, während sich die wilden Hengste in der Nähe der von den Menschen beaufsichtigten Herden herumtrieben. Doch bereits damals könnte sich der Einfluss des Menschen bemerkbar gemacht haben, der versuchte, umgänglichere Tiere zu »züchten«.
In Dereivka, am rechten Ufer des Dnjepr in der heutigen Ukraine, fand man neben den Überresten eines Dorfes, in dem sesshafte Bauern und Viehzüchter gelebt hatten, 2225 Pferdeskelette, darunter durch die Domestikation veränderte Pferdeschädel mit vermindertem Schädelvolumen, verkürztem Gesichtsteil und spitz zulaufender Nase sowie Reste von Gegenständen, die die seitlichen Teile einer Trense gewesen sein könnten. Diese Funde lassen vermuten, dass hier zwischen 4300 und 3700 v. Chr. Pferdezucht betrieben wurde.

Stutenmilch – Nahrung der ersten Reiter

Mindestens drei Millionen Menschen trinken täglich Stutenmilch. Sie enthält viel Zucker. Um sie haltbar zu machen, lässt man sie am besten gären. Dadurch entsteht ein Getränk, dessen Alkoholgehalt mit dem von Bier vergleichbar ist, jedoch je nach den Weidebedingungen im Jahresverlauf gewissen Schwankungen unterliegt.

Stutenmilch gilt als wunderbare Gabe. Mit ihrer Hilfe macht man sich die Geister gewogen, indem man ein paar Tropfen in die vier Windrichtungen versprengt. Um sein Pferd vor einem Wettkampf zu segnen und beim folgenden Ritt vor Gefahren sicher zu sein, gießt man etwas Milch zwischen die Ohren des Tiers, auf die Kruppe und über die Steigbügel. Unter mongolischen Ringkämpfern gilt es als Beweis der Männlichkeit, in einem einzigen Zug möglichst viel Milch zu trinken. Dabei verwendet man riesige Töpfe, die bis zu 15 Liter fassen.

Der Franziskanermönch Wilhelm von Rubruk berichtete Mitte des 13. Jahrhunderts, dass es bei den Mongolen als ehrenwert galt, sich mit gegorener Stutenmilch – dem einzigen ihnen verfügbaren alkoholischen Getränk – bis zur Bewusstlosigkeit zu betrinken.

Der berühmte portugiesische Pferdezuchtexperte und Gelehrte Ruy d'Andrade glaubte, in bestimmten kleinen Knochenstücken Instrumente wieder zu erkennen, die dazu gedient haben könnten, Seile aus Pferdehaar zu flechten. Die Stücke stammen aus einer iberischen Höhle und werden auf ein Alter von etwa 20 000 Jahren geschätzt.

Einige möglicherweise 15 000 bis 20 000 Jahre alte Höhlenmalereien der Iberischen Halbinsel sowie eine Anzahl kleiner Köpfe aus dem Magdalénien der Dordogne scheinen Pferde mit einem Kopfzaum darzustellen. Dies könnte darauf hinweisen, dass die erste Domestikation nicht nur früher als bisher angenommen stattfand, sondern ihren Ursprung auch in einer ganz anderen Region hatte.

Eine andere Theorie, die allerdings nicht von archäologischen Funden gestützt wird, geht davon aus, dass die Nomadenvölker Sibiriens gelernt hatten, eine Pferdeherde zu beherrschen, indem sie einfach die Reaktionen der Pferde beobachteten, die diese zeigten, wenn sie auf ihre Hauptfeinde, die Wölfe, trafen. Nachdem die Sibirier das Rentier domestiziert hatten und wussten, dass man es melken, sein Fleisch essen, es reiten und als Lasttier verwenden konnte, wandten sie das erworbene Wissen auf das Pferd an.

Der Mensch wird zum »Zentauren«

Domestizieren heißt indes noch lange nicht reiten.
Es ist eine Sache, ein Fohlen, dessen Mutter man womöglich tötete, oder ein verletztes Pferd, das man geheilt hat und nun auf dem Altar einer Gottheit opfern oder einfach nur schlachten will, an einem Strick zu halten; aber es ist eine völlig andere Sache, sich auf den Rücken eines Pferdes zu schwingen und dem kraftvollen Tier den menschlichen Willen aufzuzwingen.
Nachdem der Mensch das Pferd als nützlichen Milch- und Fleischlieferanten schätzen gelernt hatte, sann er auf weitere Verwendungszwecke. Um seine Ideen umzusetzen, musste er sich jedoch erst mit dem Tier vertraut machen. Dann konnte er es daran gewöhnen, ihm als Lasttier zu dienen oder Wagen zu ziehen, die mit der Zeit immer zweckmäßiger konstruiert wurden.
Aus historischen Berichten und durch mündliche Überlieferungen über die Verbreitung des Pferdes bei den nordamerikanischen Indianern wissen wir, dass sie bei ihren ersten Begegnungen mit Pferden über das störrische, unberechenbare Verhalten der Tiere erschraken. Mangels geeigneter Vorbilder beschränkten sie sich relativ lange darauf, sie als Pack- und Zugtiere einzusetzen.

Mongolei
Bei den Völkern der zentralasiatischen Steppen spielt die gegorene Stutenmilch eine ähnliche Rolle wie das Weihwasser bei den Christen *(Seite 74 oben).*

Mongolei
Um sich der Stute nähern und sie melken zu können, muss man das Fohlen einfangen. Dabei kommt es nicht selten zu einem heftigen Ringkampf *(Seite 74 unten).*

Äthiopisches Hochland
Einer faszinierenden Theorie zufolge war der erste Reiter eine schwangere Frau, die an den Wanderungen ihrer Gruppe zu Fuß nicht mehr teilnehmen konnte und die man daher auf das Pferd setzte, das die Besitztümer der Gemeinschaft trug *(oben).*

Äthiopien, Gegend von Bale
Diese Oromo ziehen mit ihren Herden und ihren Packpferden umher *(Seiten 76–77).*

Syrien
Pferde sind extrem sensibel, ängstlich und misstrauisch und fühlen sich außerhalb der Herde besonders unsicher. Beim geringsten Anlass scheuen sie. Dies ist eine natürliche Reaktion, die den Tieren hilft zu überleben. Damit Pferde ihre Angst verlieren, wendet man in Südamerika einen alten Trick an: Man reitet sie in Vollmondnächten in schwierigem Gelände.

Paraguay
Wie bringt man ein Pferd dazu, still zu stehen? Ganz einfach: Man dreht ihm das Ohr herum *(Seite 79 oben).*

Es könnte auch sein – so eine weitere Theorie –, dass der erste Reiter eine schwangere Frau war, die nicht mehr mit ihrem Stamm Schritt halten konnte und deshalb auf ein Pferd gesetzt wurde, das schon andere Lasten trug. Doch auch hier kann man sicher noch nicht von Reitkunst sprechen.

Nebenbei bemerkt ist auf einigen kleinen Bronze- oder Elfenbeinreliefs aus dem 16. Jahrhundert dargestellt, wie die afrikanischen Könige an der Guineaküste bei festlichen Umzügen im seitlichen Sitz auf Pferden saßen, die von Stallburschen am Strick geführt wurden. Die Pferde waren ein Geschenk der Portugiesen, die sich die Könige zu Verbündeten machen wollten. Allerdings hatten die Könige der Guineaküste zu diesem Zeitpunkt noch nicht die geringste Ahnung von der hohen Kunst des Reitens.

Um Pferde überhaupt reiten zu können, muss man zunächst ein größeres anatomisches Problem lösen. Von seinem Knochenbau her ist das Wildpferd gar nicht in der Lage, auf seinem Rücken das Gewicht eines erwachsenen Mannes zu tragen. Man kann das auch heute noch bei Zebras und Przewalskipferden feststellen, obgleich diese Tiere wesentlich kräftiger gebaut sind als viele

Ponyrassen. Im Laufe der Jahrtausende mussten daher Tiere ausgewählt werden, die sich sowohl in psychischer als auch in anatomischer Hinsicht zur Verwendung als Reittiere eigneten.

Die ältesten archäologischen Funde, die unmissverständlich eine Art von Reitkunst belegen, fand man in Tal el Maiyan im Iran (3400 bis 2800 v. Chr.), in Anatolien (3000 bis 1800 v. Chr.), China (2000 bis 1400 v. Chr.) und in Westsibirien (1700 v. Chr.). Irgendwann entschloss sich offenbar ein Mensch – vielleicht war er mutiger als andere oder auch nur verrückter – als Erster auf den Rücken eines Pferdes zu springen.

Wenn ein Pferd von einem Raubtier angegriffen wird oder glaubt, angegriffen zu werden, rast es davon. Indem der Mensch zum »Zentauren« wurde, eignete er sich die Schnelligkeit des Pferdes an. Er erriet die Möglichkeiten, die in diesem Tier steckten, und lernte es zu beherrschen und zu lenken.

Argentinien, Rodeo

Diese Rodeoart ähnelt dem ursprünglichen nordamerikanischen Rodeo. Das Pferd wird mit verbundenen Augen an einen Pfosten gebunden.

Sobald man reiten will, wird die Augenbinde entfernt. Hier trägt der Reiter *botas de potro*, die aus Fohlenleder gefertigten Stiefel der Gauchos.

Syrien
Die Beduinen Mesopotamiens reiten weder mit Steigbügeln noch mit Gebiss, sondern lenken ihr Pferd allein mithilfe einer biegsamen Gerte.

Ist Reiten wider die Natur?

Reiten ist einerseits natürlich, andererseits aber überhaupt nicht.
Die größte Schwierigkeit besteht darin, dass man dem Pferd dabei Befehle gibt, die ihm unverständlich erscheinen müssen, zum Beispiel wenn man ihm erst befiehlt zu laufen – zu »fliehen« – und dann stehen zu bleiben; oder wenn man anderen Pferden, die in der Rangordnung weiter unten stehen, erlaubt, das höherrangige Tier zu überholen. Schlimmer noch: wenn man es zwingt, die Herde zu verlassen und alleine zu laufen, mit einem Sprung einen Graben zu überwinden oder über ein Hindernis zu springen anstatt es niederzurennen, darum herumzulaufen oder es erst einmal zu untersuchen. Der Reiter kann sein Pferd daran hindern, zu fressen, wenn es Hunger hat, zu trinken, wenn es durstig ist, oder aus Gründen der Rangordnung mit Artgenossen zu kämpfen. Und er kann verlangen, dass es weiterläuft, obwohl es müde ist. Dem Fluchttier Pferd kommen all diese Befehle unsinnig vor. Insofern wendet sich das Reiten, obwohl es das Wesen des Tiers, seine Bewegungen und sein natürliches physisches Potenzial nutzt, gegen die Natur und die Psyche des Pferdes.
Durch Auswahl und Zucht hat der Mensch im Laufe der Jahrtausende Rassen entstehen lassen, die die schnellsten, widerstandsfähigsten und kräftigsten, aber auch die folgsamsten sowie am leichtesten zu reitenden und zu unterwerfenden Tiere hervorbrachten.
Jene Art des Reitens, die wir als primitiv bezeichnen könnten, verlangt vom Pferd wenig mehr, als dass es seinen Reiter trägt, dass es nicht allzu lange, nachdem es den Befehl dazu erhalten hat, stehen bleibt, dass es in der Lage ist, sich gemächlich zu beeilen, und dass es auf ein starkes Schwenken der Zügel hin den Kopf nach rechts oder links dreht. Dies ist auch heute noch die Reitweise der Nomaden des tibetischen Hochlands und Äthiopiens.
Andernorts aber wurde man mit der Zeit anspruchsvoller. Neue Pferderassen entstanden. Man fertigte immer kompliziertere Gebisse, die einen regelrechten Dialog mit dem Pferd ermöglichten – oder besser einen Monolog, denn das Pferd sollte ja nur gehorchen.
Jemand hat einmal gesagt, ein Pferd sei wie ein Klavier, und man müsse wissen, wie es zu berühren sei, um ihm Noten und Harmonien zu entlocken. Allerdings sagt man auch: »Zeig mir das Pferd und ich sage dir, wer es ausgebildet hat.« Man denke nur an die Schlachtrösser, denen man beigebracht hatte, auf einen Befehl mit dem gegenteiligen Verhalten zu reagieren, um die Feinde oder Diebe, die sie gestohlen hatten, zu verwirren.
Manche Reitweisen gehen auf den Krieg zurück, andere auf die Jagd, wieder andere auf die Triumphzüge der Sieger.

Einem westlichen Reiter mag es seltsam erscheinen, dass es Reitweisen gibt, die auf das Gebiss verzichteten oder noch heute verzichten. Die berühmteste von ihnen ist nach wie vor die numidische Reitweise. Das antike Numidien entspricht dem heutigen Tunesien und östlichen Algerien. Der numidische Reiter ritt sein Pferd mit einem Halsriemen. Wenn er es zum Halten bringen wollte, zog er den Riemen über der Luftröhre des Tiers zusammen. Doch wie man weiß, waren die numidischen Reiterattacken nicht aufzuhalten.

Auch heute noch reiten die Beduinen Mesopotamiens und die Oromo Äthiopiens gebisslos und lenken das Pferd mit einem einzelnen Zügel und einer Gerte. In Spanien »zähmte« man das Pferd noch vor wenigen Jahren mithilfe der *serreta,* einer Art Kappzaum, der aus einer Klammer mit Sägezähnen bestand, die man über die empfindliche Nase des Tiers streifte und an der ein Zügelpaar befestigt war. Auf diese Weise erhielt man dem Tier ein »weiches und empfindliches« Maul. Wenn man dann – im Notfall oder um zu strafen – am Zügel zog, spürte das Tier den Druck oder Schmerz auf der Nase anstatt im Maul und reagierte sofort.

Indien, Ladakh

Jang Thang

Alle Reiter der Welt verstehen es, die Gier der Pferde für ihre Zwecke zu nutzen. Das Geräusch, das entsteht, wenn man Getreidekörner in einem Behälter schüttelt, ist für ein Pferd unwiderstehlich und hilft dem Menschen, es an sich zu gewöhnen.

Kamerun
Steigendes Albinopferd *(oben)*.

Kamerun
Wenn man von natürlicher Reitweise und der Natürlichkeit des Reitens spricht, muss ich immer an die beneidenswerte Haltung dieses ernsthaften jungen Mannes, eines Reiters aus dem afrikanischen Busch, und an sein altes Pferd denken *(Seite 83)*. Angesichts des reiterlichen Milieus, aus dem er stammt, kann man den jungen Reiter als genialen Erneuerer der Reitkunst seiner Heimat bewundern.

Überall dort, wo die Straßen eigentlich nur aus schmalen Pfaden bestehen und Autos für die meisten einen unerschwinglichen Luxus bedeuten, ist das Pferd auch heute noch ein unverzichtbares Transportmittel. Mit seiner Hilfe werden große Distanzen zurückgelegt, Waren und Kleinvieh transportiert oder Kranke ins Hospital gebracht – am Sattel entsprechend festgezurrt.
Die Angehörigen der echten Reitervölker hassen es, zu Fuß zu gehen, ganz als ob sie befürchteten, vom Staub verunreinigt zu werden. Aus physiologischer Sicht ist die Tatsache interessant, dass die Muskeln, die man beim Gehen einsetzt, die Gegenspieler jener sind, die man zum Reiten braucht. Dies erklärt den charakteristischen Gang der Cowboys in alten Filmen, der ein bisschen an den eines aufrecht gehenden Bären erinnert.
Einen Gaucho dazu zu zwingen, Strecken zu Fuß zurückzulegen, bedeutet, ihn schwer zu bestrafen, denn er sieht diese Fortbewegungsart als ehrenrührig und damit unter seiner Würde an.
Einmal konnte ich einen sehr alten Mongolen dabei beobachten, wie er sich mühsam in den Sattel zog, nur um gerade einmal 25 Meter zum Zelt eines Nachbarn zurückzulegen, den er besuchen wollte.

Mongolei

Wenn man einen mongolischen Reiter mit seinem langen Oberkörper auf einem kurzbeinigen Pferd sieht, kann man sich einen Augenblick lang einbilden, einen jener Zentauren vor sich zu haben, die wir von antiken Skulpturen und Malereien her kennen *(Seiten 84–85).*

Der Krieg und die Jagd

Alle Reitsportarten leiten sich mehr oder weniger direkt von der militärischen Reiterei oder dem Jagdreiten ab, das nichts anderes als eine Übung war für den Krieg und ebenso spannend, jedoch wesentlich ungefährlicher – auch wenn es nicht gerade selten zu Jagdunfällen kam.

Es gibt sehr viele verschiedene Arten der Jagd zu Pferde, die bei der Verfolgung von Beutetieren in schwierigem Gelände zu unverzichtbaren Verbündeten wurden. Dabei ist das Jagdreiten eine Form der Gebrauchsreiterei und eine Reitweise, bei der es nicht um den Stil, sondern um Ergebnisse geht.

In der Antike wurden berittene Jagden vor allem im Nahen Osten nach Art von Militärexpeditionen organisiert. Aus dem 7. Jahrhundert v. Chr. sind herrliche Reliefs erhalten, die einen lebendigen Eindruck von der spannenden Atmosphäre der Jagd und der Verwegenheit der Reiter vermitteln, die Löwen mit Pfeil und Bogen erlegten.

In der Renaissance hetzte man in Europa Hirsche und Rehe auch, indem man Geparden verwendete. Die Jagd zu Pferde galt als wichtiger Bestandteil der Erziehung eines jungen Edelmanns.

Und auch heute ist diese Tradition noch sehr lebendig.

Afghanistan
Passgangrennen im westlichen Afghanistan.

Der Passgang

In Europa sind die Passgänger außer im spanischen Galicien und in Island beinahe verschwunden, doch in jenen Ländern, in denen man weiterhin zu Pferde reist, wie in Indien, Pakistan, Afghanistan, der Mongolei, Mittelamerika und der Karibik, Brasilien, Kolumbien und Venezuela, schätzt man sie nach wie vor.

Der Passgang ist eine besondere Gangart, die nur wenigen Pferderassen angeboren ist und die an die Fortbewegungsweise der Kamele erinnert: Im Passgang bewegt das Pferd Vorder- und Hinterbein derselben Seite gleichzeitig oder aber mit kurzer Verzögerung – in diesem Fall spricht man von einem gebrochenen Passgang oder Tölt.

Für den Reiter sind Passgang oder Tölt wenig anstrengend und angenehm erschütterungsfrei. Sie erlauben über längere Strecken eine »Reisegeschwindigkeit« von 12 bis 13 Stundenkilometern aufrechtzuerhalten und schonen vor allem die Wirbelsäule des Reiters. Früher bevorzugten besonders Priester und Damen, die beide im seitlichen, so genannten Damensitz zu reiten pflegten, Passgänger.

Man kann ein Pferd zum Passgehen erziehen, indem man dem Fohlen jeweils die Beine einer Seite mit einem Seil verbindet. Zunächst wird es mehrmals stolpern, mit der Zeit aber gewöhnt es sich an diese neue Fortbewegungsart und lernt seine Bewegungen immer besser zu koordinieren.

Das Reiten im Passgang ist eine sehr alte Reitweise. Passgänger sind häufig auf etruskischen Malereien abgebildet. Auch zwei sehr berühmte Kunstwerke stellen Passgänger dar: das 1330 entstandene Fresco des Condottiere Guidoriccio da Fogliano *von Simone Martini sowie die Bronzestatue des venezianischen* Condottiere Gattamelata, *die Donatello Mitte des 15. Jahrhunderts schuf.*

Peru, Gegend von Trujillo
Reiter auf dem Weg zu einem Paso-Wettbewerb *(oben).*

Peru, Gegend von Trujillo
Das Paso-Fohlen zeigt bereits in den ersten Lebensmonaten seine Neigung zum Passgang und zum typischen weiten Ausgreifen der Vorderbeine *(unten).*

Das Kriegsspiel in Anatolien – *Cirit*

Das Reiterspiel cirit *(sprich: dschirit) wird in Anatolien aufgeführt. Das Wort ist arabischen Ursprungs und bezeichnet sowohl das Spiel an sich als auch den stumpfen Speer, der als Waffe dient und wichtigster Gegenstand ist.*
Zum Auftakt des Spiels kommt ein Reiter langsam nach vorn und schwenkt seinen Speer. Er fordert seine Feinde durch spöttische Rufe heraus und treibt sein Pferd an, das so nervös ist, dass es steigt. Zunächst wählt er den Mann aus, den er treffen will, und versucht eine unvorteilhafte Position, einen Augenblick der Unaufmerksamkeit oder ein unruhiges Pferd auszumachen. Er täuscht durch eine Finte, vollführt eine Pirouette und schleudert plötzlich unter Ausnutzung der Körpermasse und Schnelligkeit seines Reittiers mit aller Kraft seinen Speer. Die gegnerischen Reiter warten reglos. Sobald der Speer in der Luft ist, versucht der Mann, auf den gezielt wurde, auszuweichen, die Flugbahn des Speers durch einen schnellen Schlag mit seinem cirit *zu ändern oder ihn sogar im Flug zu fangen.*
Ein anderer Reiter der gleichen Mannschaft verfolgt den Angreifer, der sofort im gestreckten Galopp hinter die eigenen Linien zurückkehrt. Der Verfolger muss nun abschätzen, ob er den Flüchtenden noch einzuholen vermag oder ob es besser wäre, sein Pferd zu schonen, damit es ihn in Sicherheit bringen kann, sobald er seinen cirit *geschleudert hat.*
Wenn er über ein scharfes Auge und einen starken Arm verfügt, wird er versuchen, den fliehenden Angreifer im vollen Galopp zu treffen.
Bis in die 1930er Jahre hinein gab es zwei weitere Varianten des Spiels. Die erste war im Süden des Landes in der Gegend um Urfa und Gaziantep beliebt. Hier musste der Reiter, der die gegnerische Mannschaft durch seinen Spott herausgefordert hatte, danach von seinem Verfolger eingefangen werden, der ihn mit einer biegsamen Gerte auf den Hintern schlug.
Die zweite Variante spielte man im Zentrum der Türkei. Hier schleuderten die Reiter zwei bis drei Kilogramm schwere Holzkeulen, wobei die kräftigsten Werfer unter den Teilnehmern sich den Bizeps mit einem Lederriemen einschnürten, damit sie nicht ihre volle Kraft entfalten und die Gegner versehentlich töten konnten.
Die heute übliche Form des cirit *entwickelte sich in der Gegend von Erzurum. Die modernen Spielregeln, nach denen Punkte und Strafpunkte gezählt werden, wurden erst in jüngerer Zeit eingeführt.*
Der Speer war lange Zeit eine Waffe der leichten Kavallerie. Mit Speeren bewaffnete Krieger sind bereits auf Vasen aus dem 5. Jahrhundert v. Chr. dargestellt. Die Thraker und die sizilianischen Reiter von Syracus wurden wegen ihres meisterlichen Umgangs mit dem Speer gefürchtet. Es dauerte ein Jahrhundert, bis die Griechen begriffen hatten, was für eine wichtige Rolle die leichte Kavallerie bei Überraschungsangriffen spielte. In seiner Abhandlung über die Reitkunst maß Xenophon dem Speerwurf vom Pferd aus große Bedeutung zu und beschrieb genauestens, wie eine Rüstung aussehen musste, die den Reiter schützte, ohne ihn beim Werfen des Speers zu behindern.
Auch der römische Schriftsteller Plinius der Ältere verfasste ein Handbuch über die Kunst, vom Pferd aus einen Speer zu schleudern; es ging jedoch leider verloren. Immerhin vermochten die berittenen römischen Soldaten mit ihren Speeren aus 25 Meter Entfernung eine mit Zinn belegte, einen Zentimeter dicke Tafel aus trockenem Holz zu durchbohren.
Bei den spanischen juegos de cañas, *Kampfspielen maurischen Ursprungs, verwendete man stumpfe Lanzen, Rohrstöcke, Bälle und Schilde. In Portugal nannte man sie* escaramuças. *Im Kutschenmuseum von Lissabon kann man die Speere aus bemaltem Holz besichtigen, die beim Spiel verwendet wurden.*

Türkei
Trommeln und Pfeifen spornen die Reiter an *(oben)*.

Türkei
Die Pferde beim *cirit* tragen tscherkessische Sättel aus dem Kaukasus und arabisches Zaumzeug *(Seite 89)*.

Afghanistan – Buzkaschi

Nur wenige Reiterspiele sind so aufregend, so barbarisch und gleichzeitig so ästhetisch anzusehen wie das Buzkaschi. Und nur wenige vermitteln das Gefühl, echte »Zentauren« vor sich zu haben. Dabei kämpfen Hunderte von Reitern mit Turbanen und Pelzkappen, in bunten Hemden, bestickten Stiefeln und mit kurzen Holzpeitschen bewaffnet um einen Kalbskadaver. Eine alte Redensart vergleicht die Geschichte Afghanistans mit einem großen, nie enden wollenden Buzkaschi – das Kalb, um das sich alle streiten, steht dabei für Afghanistan.
Nur jene Völker Afghanistans, die nördlich des Hindukusch leben, die Usbeken und Tadschiken, kennen dieses Reiterspiel. Die übrigen Afghanen sehen darin nicht viel mehr als einen barbarischen Zeitvertreib der Steppenbewohner.
Zahlreiche im Westen veröffentlichte Beschreibungen des Buzkaschi sind zwar sehr literarisch, geben jedoch kaum die technischen und reiterlichen Aspekte des Spiels korrekt wieder.
Das Wort Buzkaschi selbst ist eigentlich irreführend. Die Wurzel buz *bedeutet »Ziege«, während man tatsächlich den Kadaver eines Kalbs benutzt. Offenbar verwendete man in Afghanistan vor einigen Generationen eine Ziege oder ein Schaf, wie es in den benachbarten, ehemaligen sowjetischen Republiken und im chinesischen Turkestan auch heute noch der Fall ist. Manche sehen den Ursprung des*

Buzkaschi auch in Überfällen, bei denen die Plünderer die Schafe vom Sattel aus ergriffen.
Dem Kalb schlitzt man die Kehle durch, damit es ausblutet; seinen Kopf hält man dabei gen Mekka. Die Klauen werden entfernt, damit sich die Reiter nicht an den Händen verletzen, und die Haut zwischen den Sehnen und den Beinknochen wird aufgeschnitten, sodass man das Kalb vom Pferd aus leichter packen kann. Wünscht man ein schnelles Spiel, nimmt man die Eingeweide heraus; will man aber im Gegenteil ein traditionelles Buzkaschi abhalten, belässt man sie im Kadaver, der dann bis zu 60 Kilogramm wiegen kann.
Im Grunde gibt es zwei Arten von Buzkaschi. Das tudarabai *oder* qaumi *(beides bedeutet »sich aus der Masse hervorheben«) ist ein ländliches Buzkaschi, bei dem weder die Größe des Spielfelds noch die Anzahl der Spieler begrenzt ist. Hier geht es um Kraft und Ausdauer. Man spielt es anlässlich eines* tooi, *eines Übergangsritus wie Hochzeit oder Beschneidung. Es ist ein komplexes gesellschaftliches Ereignis, bei dem die Khans, die lokalen Herrscher, ihr Prestige sowie ihre politische und wirtschaftliche Macht zur Schau stellen.*
Da die Pferde für das Buzkaschi sehr wertvoll sind, können nur Khans eines oder mehrere dieser Tiere besitzen. Andererseits sind sie durch ihre gesellschaftliche Stellung sogar dazu verpflichtet, sich diese Pferde zu halten.
Die chapandazan, *Plural von* chapandaz, *sind die Reiter, Stars und Helden des Buzkaschi. Sie gehören meist der untersten Bevölkerungsschicht an und*

sind die Schutzbefohlenen und Untergebenen des Khan, ähnlich wie die Berufsjockeys unserer Tage. Bestimmte chapandazan bezeichnet man als zamin gir; ihre Spezialität ist das Aufheben des am Boden liegenden Kadavers. Über sie heißt es, »wenn sie wollen, können sie mit ihrem Pferd von Sonnenaufgang bis Sonnenuntergang über dem Kalb bleiben«, ohne dass es jemandem gelingt, sie von ihrem Platz zu vertreiben.

Andere nennt man chakka gir; wie ein Falke auf seine Beute stürzen diese sich auf den Reiter, der den Kadaver ergriffen hat, und entreißen ihm das Kalb durch ein geschicktes Manöver. Deshalb versteckt man das Kalb, sobald man es gepackt hat, hinter dem verstärkten Steigbügelblatt und der Flanke seines Pferdes.

Ziel des tudarabai ist es, mit dem Kalb »frei und allein«, fern des Getümmels davonzugaloppieren. Man merkt schon, dass es sich bei den Spielregeln um ein sehr zufallsabhängiges Konzept handelt, das die koranische Unterscheidung zwischen hallal (das, was richtig ist) und haram (das, was unrichtig ist) widerspiegelt und zu heftigen Diskussionen zwischen den Khans und ihren Gefolgsleuten führen kann. Dabei versucht jeder Khan, sein Prestige und seinen Namen einzusetzen, um seinen chapandaz zu unterstützen. Diese Diskussionen können lange dauern, denn für die Zuschauer sind sie ebenso wichtig wie die verschiedenen Phasen des Spiels und die Heldentaten der Reiter.

Das tudarabai ist eine Schlacht, in der jeder Reiter praktisch gegen alle anderen kämpft. Allerdings

kommen die Siege auch durch die Hilfe von Verbündeten zustande.

Die Zuschauer sowie die Khans mit ihrem Gefolge beobachten das Kampfgetümmel im Sattel und aus nächster Nähe, sodass sie ihrem chapandaz gegen seine Rivalen beistehen können.

Ein tudarabai kann über sechs Stunden dauern und an zwei bis vier Tagen wiederholt werden, je nachdem, wie großzügig der Mäzen des tooi ist.

Der akherulaq, der »letzten Ziege« – mit anderen Worten: der letzten Runde des Tages oder der letzten Partie, bevor man einen nicht mehr verwendbaren Kadaver austauscht – kommt eine besondere Bedeutung zu.

Obwohl es sich beim Buzkaschi um einen sehr gewalttätigen Sport handelt, gibt es dabei kaum jemals Tote, und man vermeidet sorgfältig Pferde einzusetzen, die beißen oder ausschlagen. Es heißt auch, dass die Pferde um gefallene Reiter einen Bogen machen. Allerdings erinnert man sich auch an einen berühmten chapandaz, der seine Beute nicht loslassen wollte. Beim Kampf um den Kadaver rammte er sich den Sattelknauf in den Magen und starb an den Folgen seiner Verletzung.

Ein alter Kuchi, Angehöriger eines iranischen Nomadenvolks, aus dem viele gute chapandazan kamen, erzählte mir, dass in den 1950er Jahren anlässlich einer Hochzeit 1200 Häuser für die Gäste gebaut wurden, dass in jedem dieser Häuser mindestens 20 Reiter untergebracht waren und dass 5000 dieser Reiter am Buzkaschi teilnahmen. Möglicherweise hat er ein wenig übertrieben, doch wird von zahlreichen tudarabai berichtet, für die jeweils Tausende von Reitern zusammenkamen.

Des Weiteren gibt es noch das quarajai, das »schwarzer Ort« im Sinne eines abgegrenzten Geländes bedeutet. Dieser Sport ist relativ modern. Zwei Mannschaften mit je fünf bis 15 Spielern stehen einander gegenüber. Auf dem Spielfeld werden drei Kreise gezogen. Der erste ist so etwas wie ein Startkreis, in dem der Kalbskadaver liegt. Die anderen, links und rechts davon, sind die Tore.

Am Horizont, je nach der Größe des Spielfelds in größerer oder geringerer Entfernung, wird ein Banner gehisst, um das herum man das Kalb auf dem Weg vom Startkreis zum Torkreis tragen muss. Wer mit dem Kalb das Banner erreicht, erhält einen Punkt, für das Erreichen des Tors gibt es zwei.

Das quarajai wird in Städten ausgetragen und von öffentlichen Unternehmen gesponsert. Nur die besten chapandazan dürfen daran teilnehmen und kein anderer Reiter ist zugelassen. Das Publikum sitzt auf Tribünen oder natürlichen Erhebungen.

Es ist wesentlich schneller und akrobatischer als das tudarabai, beim Volk aber deutlich weniger beliebt. Früher hielt man in den afghanischen Provinzen Meisterschaften ab; das Finale fand dann in Kabul statt.

Ähnlich wie unsere Galopper sind auch die Pferde für das Buzkaschi sehr wertvoll und können bis zu 50 000 Dollar kosten – in einem Land, in dem ein durchschnittlicher Monatslohn zehn Dollar beträgt.

Die Ausbildung der Pferde erinnert sowohl an Kikkulis Reitlehre als auch an modernes Bodybuilding. Zuerst wird die Bildung und dann die Ausformung der Muskeln gefördert. Man beginnt, ein Maß Getreide zu füttern, erhöht die Futtermenge 23 Tage lang um ein Maß und zieht dann, ab dem 24. Tag, täglich ein Maß ab. Die Pferde tragen stets Decken, im Winter eine, im Sommer zwei oder mehr, damit sie schwitzen, und häufig lässt man sie in der Sonne stehen. Täglich müssen sie mehrere Stunden in einer Stellung verbringen, die man canter nennt – ein Begriff, der ganz anderen Landschaften und Reitweisen entlehnt ist. Dabei werden die Zügel relativ gespannt um den Sattelknauf gewickelt, sodass das Pferd auf dem Gebiss kaut und dadurch die Halsmuskulatur trainiert.

Die chapandazan stammen im Allgemeinen aus Athletenfamilien, die sich seit jeher auf das Buzkaschi spezialisiert haben. Sie üben schon als Kinder, indem sie abends, auf dem Heimweg von den Feldern, auf Eselrücken gegeneinander kämpfen. Später verfolgen sie im Sattel von Pferden minderer Qualität das Spiel und nähern sich allmählich dessen Mittelpunkt, in dem sich die Stars aufhalten. So können sie deren Technik beobachten und versuchen, vielleicht auch nur einen Augenblick lang den Kalbskadaver zu berühren oder ein Kalb aufzuheben, das im dichten Gewühl zu Boden fiel.

Berühmt ist die englische Fuchsjagd, die man weltweit in angelsächsischen Ländern praktiziert. In den USA erlegt man allerdings Kojoten statt Füchse. In Spanien jagt man Hasen zu Pferde und mit Windhunden, in Russland stellt man Wölfen nach, und in Argentinien jagt man mit Pferden und Doggen wilde Schweine und Pumas.

Früher jagte man in Nord- und Südamerika Jaguare, Tapire und Bären mit dem Lasso. In einigen europäischen Ländern, darunter vor allem Frankreich, sind auch heute noch Hetzjagden auf Hirsch, Rehbock und Wildschwein üblich. Im zentralasiatischen Altai-Gebirge richtet man Adler darauf ab, Wölfe und Füchse aufzustöbern. In Patagonien fängt man Nandus mit *boleadoras,* an Stricken befestigten Kugeln, die man den Tieren um die Beine wirft, um sie zu fesseln. In Spanien und auf dem indischen Subkontinent tötet man Wildschweine mit der Lanze. Im Tschad und in der Zentralafrikanischen Republik erlegte man Elefanten und Giraffen bis in die 1970er Jahre mit der Lanze. Gerade bei derartigen Hetzjagden fühlt sich der Reiter vor allem als Jäger, was oft zur Folge hat, dass seine Reitkunst darunter leidet.

Immerhin muss der Reiter sich ein wenig in sein Beutetier hineindenken können, um bessere Erfolge zu erzielen. Bei der Jagd mit Hunden wird er dann, wenn Tier gegen Tier kämpft, zum privilegierten Zuschauer des Geschehens.

Äthiopien

Das Fest von Santa María von Mtoto, vor den Toren von Addis Abeba. *Gugs* ist die äthiopische Version des *cirit* und folgt weder festen Spielregeln noch einem Punktesystem. Die Reiter haben sich aus Handtüchern Turbane gewunden. Zu ihrem Schutz dienen Schilde aus Nilpferdhaut. Das Zaumzeug der kleinen Stuten ist aus bunter Wolle gefertigt *(Seiten 90–91).*

Pakistan, Lahore

Lemon cutting

Da man sich nicht an den Köpfen seiner Feinde vergreift, begnügt man sich beim *lemon cutting* damit, eine harmlose Zitrone oder Orange im Vorbeigaloppieren mit einem Hieb entzweizuschneiden *(oben).* Danach muss der Reiter seinen Säbel durch einen Ring stoßen, der an einer Fahnenstange aufgehängt ist, und schließlich einen in den Boden gerammten Pflock spalten. Für jede Leistung gibt es Punkte. Wer die meisten gesammelt hat, siegt. Früher galt es, ein totes Lamm der Länge nach durchzuschneiden.

Pakistan, Lahore

Lahore Horse and Cattle Show

Bei dieser Show erinnern die prächtigen Uniformen der pakistanischen Präsidentengarde mit ihren roten Jacken, den hohen Turbanen und den Schulterstücken aus Metall an die glorreiche Vergangenheit der Kavallerie des britischen Kolonialreichs *(rechts).* In den Tagen des mächtigen Empire holte man Abteilungen eingeborener Reiter auf dem Seeweg ins Mutterland, wo sie bei Veranstaltungen die Zuschauer mit ihren üppigen Schnurrbärten und ihren reiterlichen Bravourstücken beeindruckten.

TENT PEGGING

Pakistan, Lahore
Tent pegging

Die Seide des kunstvoll gefalteten Turbans knistert im Wind. Der Schrei »Allah u Akbar«, *Gott ist groß, übertönt das Donnern der Pferdehufe. Auf dem galoppierenden Pferd hält der Reiter seine Lanze drohend nach vorn gerichtet – das Finale der pakistanischen Meisterschaften im* tent pegging *beginnt.*

Dieser Sport geht auf eine Zeit zurück, in der die Heere der Muslime und Hindus jahrhundertelang gegeneinander kämpften. Beim Überfall auf feindliche Lager bestand damals eine militärische Strategie darin, die Zeltpflöcke herauszuziehen, sodass die Zelte einstürzten und die im Schlaf überraschten Gegner leichter zu töten waren.

Tent pegging *ist eine höchst eigentümliche Disziplin des Reitsports, die aber ordnungsgemäß bei der Internationalen Reiterlichen Vereinigung eingetragen ist. Die einzige Aufgabe des Reiters besteht darin, seine Lanze in einen Zeltpflock zu stecken, der in den Boden getrieben wurde. Dabei kommt es auf den Reitstil an: Der Reiter muss sich im Vorbeigaloppieren aus dem Sattel zum Pflock hinunterbeugen. Er hält die Lanze am hinteren Teil des Stiels und stößt sie im letzten Moment aus dem Handgelenk heraus in den Pflock hinein. Sobald dieser aufgespießt ist, folgen Lanze und Schulter der Bewegung des Pferdes, indem sie aus der Position des Hiebs, bei dem der Oberkörper gebeugt war, eine Drehung vollführen. Ist der Pflock aus der Erde gezogen, wendet der Reiter seinen Arm nach hinten in Richtung Kruppe und streckt ihn schließlich in einer triumphierenden Geste unter dem Jubel des Publikums mitsamt Lanze und Pflock nach oben.*

Das Training des Sports beginnt zunächst im Schritttempo, denn das Pferd muss an die Lanze gewöhnt werden, die ganz nah vor seinem Auge hin und her geschwenkt wird. Danach beginnt der Reiter auf Pappkartons einzustechen und sein Pferd mit diesem Geräusch vertraut zu machen. Später benutzt er Pflöcke, die zuerst auf dem Boden liegen und dann nach und nach immer ein bisschen tiefer in den Boden gesteckt werden. Schließlich geht der Reiter allmählich vom Schritt zu den schnelleren Gangarten über.

Tent pegging *spielen rund 1400 pakistanische und 500 indische Reiter sowie die berittene Polizei von Jordanien, Ägypten, Australien, Großbritannien und den Vereinigten Staaten.*

Traditionelles Polo zwischen Karakorum und Hindukusch

Die Wurzeln des Polospiels sind nicht genau bekannt, man vermutet sie allerdings im Iran. Von dort verbreitete sich Polo in der Antike nach Westen bis Konstantinopel und nach Osten bis Südostasien. In Konstantinopel spielte man eine Art von Querfeldein-Polo mit einem Schläger, an dessen Ende sich ein kleines Netz befand.
In Südostasien findet man Reliefs mit Poloszenen, zum Beispiel in Angkor auf der Elefantenterrasse oder im Museum von Da Nang in Vietnam, in dem ein Relief aus der Cham-Zeit aufbewahrt wird. Eine Damenmannschaft, bei der der König als einziger Mann mitspielte, war das ungewöhnlichste und kostbarste Geschenk, das ein Herrscher einem anderen, befreundeten Herrscher machen konnte.

Pakistan
Am 3800 Meter hohen Shandur-Pass befindet sich eines der höchstgelegenen Polofelder der Welt *(oben).*

Pakistan
Beim Polospiel werden die Schläger wie Säbel eingesetzt, um die Schläge des Gegners abzublocken *(Seiten 96–97).*

Die einzige glaubwürdige Hypothese, die ich über die Entstehung des Polospiels kenne, ist folgende: Der Name des Spiels soll vom Wort pulu *abgeleitet sein, das angeblich in einer Sprache, die man mir gegenüber nicht nannte, ein großes Nagetier bezeichnet, das man im Sommer jagte, indem man es zu Pferde verfolgte und mit einem präzisen Keulenschlag auf den Kopf tötete. Wenn das Tier im Winter seinen Winterschlaf hielt, übte man mit einem Ball aus der Haut des* pulu.

Die Engländer erlebten ihr erstes Polospiel Mitte des 19. Jahrhunderts in Manipur an der indisch-birmanischen Grenze. Von da an entwickelten sie für Polo eine so heftige Leidenschaft, dass viele Leute glauben, das Spiel stamme aus England. Die Briten verbreiteten Polo in ihrem gesamten Weltreich. In Europa fand die erste Partie auf Malta statt, das erste Spiel auf englischem Boden wurde 1869 oder 1870 ausgetragen. Dass die Begeisterung der Briten bis nach Südamerika reichte, zeigt Argentinien, wo 1895 bereits 23 Poloclubs existierten.

Ein sehr ursprüngliches Polospiel kann man heute noch in Gilgit erleben, einem staubigen, kleinen Nest in Nordpakistan, das in den herrlichen Bergen des Karakorum liegt, dort, wo die unklar definierten Grenzen zwischen Indien, China und Afghanistan verlaufen. Auch die Orte Chitral und Skardu sollten den passionierten Polofreund interessieren. Die Bewohner, die vor noch nicht allzu langer Zeit unbesiegbare Krieger waren, pflegen zwei Leidenschaften: im Winter die Jagd auf den Steinbock und das übrige Jahr hindurch das Polospiel.

Vor der Teilung Indiens Ende 1947 reisten Mannschaften aus Baltistan regelmäßig nach Ladakh, um dort zu spielen. Die Einwohner von Gilgit schwören, dass hier die Wiege des Polo liegt. Wahrscheinlicher jedoch ist, dass es im 15. Jahrhundert eingeführt wurde, als der König des benachbarten Baltistan, der persischer Abstammung war und nach der tibetischen Kultur lebte, diese Täler eroberte.

Die rauen Bergbewohner vereinfachten die komplizierten Regeln des persischen Spiels, um es zu einer Übung für Krieger zu machen. Mehr noch als ein Spiel ist das Polo in diesen Tälern der Ausdruck einer betont männlichen und kriegerischen Philosophie. Schon auf dem Heimweg von der Schule laufen die Kinder hintereinander her, schlagen mit gekrümmten Stöcken Gummibälle oder Getränkedosen und hüpfen und springen, wie alle Kinder der Welt, wenn sie Pferd spielen. Und die alten, immer noch sehr kräftigen Männer mit ihren prächtig gezwirbelten Schnurrbärten, die sie gerne pechschwarz färben, erinnern sich an alte Spiele und an die Heldentaten der Spieler, die sie in ihrer Jugend bewunderten.

Das Polo Nordpakistans entspricht nicht dem Modesport der aristokratischen Clubs des alten Europa oder der Neureichen Nord- und Südamerikas, sondern einer regelrechten Reiterschlacht. Um Polo spielen zu können, braucht man in dieser Gegend nicht reich zu sein. Es genügt, ein Pferd zu haben und bereit zu sein, wie der Teufel zu reiten und wie ein Tiger zu kämpfen. Schließlich muss auch in der Schlacht ein einziges Pferd genügen.

Vor dem Krieg in Afghanistan verwendete man Pferde aus dem benachbarten Badakshan. Vom westlichen Polo beeinflusst, zieht man inzwischen die Anglo-Araber aus dem Punjab vor, die sicher schneller, aber weniger ausdauernd sind und im Gedrängel Leib an Leib weniger gute Nerven zeigen.

Mannschaften, die kein Geld haben, reiten im Spiel immer noch kleine, struppige Bergponys, die es gewohnt sind, auf schmalen Pfaden schwere Lasten zu tragen. Die intelligenten Tiere besitzen ein ungewöhnliches Gespür für das Tempo und das Wesen des Spiels. Sie drehen sich um die eigene Achse und drängeln sich zwischen den größeren Pferden aus dem Süden hindurch, sodass ihre Reiter den Ball in ihren Besitz bringen können.

Außer dem Futter, das in diesen Tälern für Pferde üblich ist, bekommen die Tiere Butter, die angeblich ihre Gelenke besonders geschmeidig macht, und im Winter zusätzlich Aprikosenöl und getrocknete Brombeeren.

Das Polospiel verläuft über zwei Halbzeiten zu je 35 Minuten und hat eine kurze Pause, in der kein Pferdewechsel vorgesehen ist. Die Mannschaft, die als erste neun Tore schießt, hat gewonnen. Wird ein Reiter oder ein Pferd verletzt, verlässt auch sein Pendant von der gegnerischen Mannschaft den Platz, damit beide Seiten wieder gleiche Chancen haben. Natürlich wird auch getrickst und es kommt vor, dass jemand einen extrem schweren Sturz mit entsetzlichen Blessuren vortäuscht, damit ein allzu gefährlicher Spieler der gegnerischen Mannschaft ausscheiden muss.

In weniger friedlichen Zeiten, etwa gegen Ende der 1960er Jahre, kam es vor, dass das Spiel mit nur je zwei Spielern auf jeder Seite beendet wurde.

In den Tälern um Gilgit bestehen die Mannschaften aus sechs Männern, während die Anzahl der Spieler in früheren Zeiten nicht begrenzt war.

Mit Ausnahme der Grundsätze des Fair Play existieren keine Regeln: Niemand darf ein fremdes Pferd am Zügel reißen oder es schlagen und auch die Spieler der anderen Mannschaft werden nicht berührt. Ansonsten ist alles erlaubt: Man darf dem anderen den Weg abschneiden, ihn mit dem eigenen Pferd abdrängen und den Schläger des Gegners blockieren, in welcher Position er sich auch immer befinden mag.

Außer mit ihrem Schläger, der einen Griff aus Nussholz und ein Querholz aus dem Holz des Feigenbaums hat, sind die Spieler mit einer Peitsche bewaffnet, die sie großzügig einsetzen.

Traditionell spielt man auf sehr männliche, also harte Art und Weise, ohne Kopfschutz und ohne auf Schläge zu achten; in jüngerer Zeit wurden allerdings schon Spieler mit Bauhelmen auf dem Kopf gesehen.

Früher schnitt man das Leder für die Stiefel aus Steinbockhäuten; später legte man sich Wickelgamaschen der Armee an, denn die wenigsten Spieler konnten sich noch Lederstiefel leisten. Heute tragen die meisten beim Spiel Gummistiefel.

Das Spielfeld muss nicht unbedingt mit Gras bewachsen oder eben sein. Die Maße schwanken zwischen einer Länge von 200 und 250 Metern und einer Breite von 30 bis 40 Metern. Das Feld ist von einer niedrigen Mauer eingefasst, von der der Ball abprallen kann und die den zahlreichen begeisterten Zuschauern als Sitzgelegenheit dient. Manchmal

Pakistan, Shandur-Pass
Das Orchester untermalt musikalisch die einzelnen Spielphasen.

springen sogar die Pferde in der Hitze des Gefechts wie Ziegen an dieser Mauer empor.
Besonders zwei Spielsituationen versetzen die Zuschauer in begeisterte Raserei. Die eine tritt immer dann ein, wenn es einem Spieler gelingt, den Ball mit der Hand zu fangen. Augenblicklich lässt er seinen Schläger in den Staub fallen und galoppiert auf das gegnerische Tor zu. Seine Gegner versuchen ihn wie beim Rugby zu blockieren und einzukesseln. Der Spieler, der den Ball in seinem Besitz hat, kann ihn auch an seine Teamkollegen weitergeben. Das Tor zählt, wenn der Ball zwischen die Stäbe des Tors geschossen wurde oder wenn der Ball zusammen mit Reiter und Pferd das Tor erreicht.
Eine weitere Besonderheit, die beim traditionellen Polo sehr geschätzt wird, ist das tolki. *Der Spieler, der gerade ein Tor erzielte, startet im Galopp vom hinteren Ende des Spielfelds aus, während die gegnerische Mannschaft in der anderen Hälfte des Felds bleiben muss. Inmitten des Lärms der Musik und der anfeuernden Rufe des Publikums wirft der Spieler, der Ball und Schläger in der gleichen Hand hält, sobald er die Mitte des Platzes erreicht hat, den Ball hoch und schlägt ihn mit der Geschicklichkeit eines Jongleurs in die Luft. Mit diesem Bravourstück kann ein guter Spieler den Punkt, den er gerade erzielt hat, verdoppeln oder jedenfalls das Spiel auf eine für sein Team günstige Weise wieder in Gang bringen.*
Die ganze Spielzeit über erklingen Trommeln und Pfeifen, die besonders spannende Spielsituationen musikalisch untermalen. Früher kannte man sogar besondere Melodien, die auf einen missratenen Wurf hinwiesen, oder man stimmte für jeden Spieler im Augenblick des tolki *eine bestimmte Weise an, die je nach dessen sozialer Herkunft verschieden war. Trauermusik wurde gar gespielt, wenn ein Sturz zum Tod führte. Von dem blinden, bettlägerigen Radscha von Kapul wird erzählt, dass er aus dem Bett fiel und sich tödlich verletzte, als ihm ein bestimmtes Musikstück verkündete, dass sein Sohn auf dem Spielfeld gestorben war.*
Ob diese Geschichte stimmt, weiß ich nicht, doch was wäre der Orient ohne seine Geheimnisse?
Beim Polo gibt es jedenfalls noch einen »anderen Spieler«. Es ist der Zauberer, der dank seiner besonderen Fähigkeiten den Ausgang des Spiels beeinflussen kann, indem er ein Tor unerreichbar, einen Ball unsichtbar und einen Schlag treffsicher oder wirkungslos machen kann. Man erkenne seine Anwesenheit, so heißt es, an einem feinen Nieselregen aus blauem Himmel. Er teilt unter den Spielern Glücksbringer aus, die sie sich an das Handgelenk oder an den Schläger binden sollen; allerdings kann man seine Macht unschädlich machen, indem man an die Torstangen pinkelt oder indem man seine Stiefelsohlen mit Schweinefett bestreicht – eine Tat, die einem Muslim recht gewagt erscheinen mag.
Trotz Gerangel und Gefahren, Stürzen, Schlägen und Peitschen ist und bleibt Polo ein Mannschaftssport. Jeder Spieler kennt genau seinen Platz auf dem Feld und weiß, was er zu tun hat. So ist es beispielsweise wesentlich wichtiger, den Gegner vom Ball fern zu halten oder dessen Schläger mit dem eigenen zu blockieren, als ein Tor zu erzielen.
Einst siegte das legendäre Team von Punjal gewohnheitsmäßig über das von Naggar, indem es in der gesamten ersten Halbzeit nur auf Verteidigung spielte. Als die gegnerischen Reiter und Pferde hinreichend ermüdet waren, gingen die Männer von Punjal in der zweiten Halbzeit – und meist mit großem Erfolg – zum Angriff über.
Bis in die 1970er Jahre hinein stammten die Spieler aus den Familien der Herrscher, Adeligen und Minister dieser winzigen Reiche. Da sie heute nicht mehr mit dem früheren Glanz auftreten können, haben sich viele Aristokraten aus dem Polosport zurückgezogen. An der Reihe sind nun Chauffeure und Elektriker, Polizisten und Beamte, Soldaten, Reiseveranstalter und Bauern. Doch was steht am Rand des Spielfelds von Gilgit zu lesen? »Mögen die anderen andere Sportarten wählen – Polo ist und bleibt das Spiel der Könige und der König der Spiele.«

La corsa a pariglia

Die corsa a pariglia *(etwa: Rennen im Gespann)* ist eine spektakuläre Demonstration reiterlicher Kunst, die alljährlich auf Sardinien stattfindet. Die Reiter tragen dabei traditionelle sardische Trachten, die sich von Region zu Region deutlich unterscheiden, und auch die Pferde sind prachtvoll gezäumt. Die Darbietung bestreiten zwei bis drei Reiter, die Seite an Seite eine schmale Allee entlangpreschen, sodass ihre Pferde aus der Ferne wie ein Ungeheuer mit drei Köpfen und zwölf Beinen wirken. Sobald sie die höchstmögliche Geschwindigkeit erreicht haben, stehen die Reiter synchron in ihren Steigbügeln auf und halten sich gegenseitig an den Händen oder an der Taille fest. Nun vollführen sie etliche akrobatische Kunststücke. Diese können aus einer schlichten und doch sehr eleganten Pyramide bestehen oder aus einer mehr oder weniger komplizierten doppelten Brücke, bei der drei Reiter auf den Kruppen ihrer Pferde zwei »Passagiere« mitnehmen, die sich stocksteif halten, den Kopf den äußeren Reitern zuneigen und mit jeweils einem Bein auf dem mittleren Pferd stehen. Manchmal macht der mittlere Reiter auch einen Kopfstand, gestützt von den beiden äußeren Kollegen.

Seit die Reiter leichtere Gebisse verwenden, können sie Druck auf das Pferdemaul ausüben, ohne das Pferd dabei aus dem Gleichgewicht zu bringen, was mit dem traditionellen schweren sardischen Gebiss unweigerlich passieren konnte.

Den Puristen ist das Maß an Akrobatik oft zu sensationell. Sie ziehen den modernen die einfacheren Figuren vor, die mehr mit echter Reitkunst zu tun haben.

Die letzten Attacken

Die italienischen Carabinieri zählen zu den wenigen Militärkorps, die noch regelmäßig mit gezücktem Degen Attacken reiten. Auf diese Weise gedenken sie der siegreichen Attacke von Pastrengo am 30. April 1848.
Die Attacke wurde wohl noch vor der Reitkunst erfunden, als man seine Gegner zurückdrängte, indem man eine in Panik geratene Herde Pferde oder Wiederkäuer auf sie zutrieb, die alles überrannte, was sich ihr in den Weg stellte.
Wenn schon alles verloren schien, entschloss man sich am Ende etlicher Schlachten noch eine letzte Attacke zu reiten. Titus Livius berichtet von derartigen Attacken in der Antike und die Royal Scots Greys ritten eine bei Waterloo.
Die letzten wirklichen Kavallerieattacken wurden von der italienischen Kavallerie in Russland geritten: vom Lanzenreiterregiment von Novara am 22. August 1942 bei Jagodnij, vom Kavallerieregiment von Savoien am 24. August 1942 bei Isbuscenkij und vom Chevauleger-Regiment von Alessandria am 17. Oktober 1942 bei Poloj. Das 3. berittene Spahiregiment (RSC), 3. Abteilung, griff im Algerienkrieg am 14. Mai 1957 gegen 13 Uhr an. Nach der Attacke saß das Regiment ab und setzte den Angriff zu Fuß und mit aufgestecktem Bajonett fort.
Die letzte bekannte Reiterattacke fand Anfang der 1960er Jahre statt, als eine Abteilung von 600 Reitern der tibetischen Golok den chinesischen Invasoren die Stirn bot.

Italien, Siena
Die Attacke der Carabinieri auf dem großen Platz vor dem *palio (oben).*

Italien, Sardinien
La corsa a pariglia
Die Reiter bereiten die schlichte, aber elegante Figur »drei auf drei« vor *(Seite 102).*

DER *PALIO* IN SIENA

Der palio *ist nicht einfach nur ein Pferderennen, sondern steht als Metapher für den Krieg. In den Tagen des* palio *befiehlt der* capitano *über die* contrade *(Stadtteile) und nicht wie in Friedenszeiten der Prior.*

In den palio *fließt eine ganze Reihe alter Spiele ein, die einst auf der Piazza del Campo abgehalten wurden: Steinwürfe, Kämpfe zwischen unbewaffneten oder mit Waffen aus Holz ausgerüsteten Gegnern, Eselrennen, Büffelrennen, Stiertreiben und natürlich ein* palio alla lunga *(in gerader Linie), ein Pferderennen ohne Reiter durch die Gassen der Stadt.*

Der erste palio alla tonda *(im Kreis), mit einer Start- und Ziellinie auf dem großen Platz, soll am 16. August 1583 abgehalten worden sein.*

Ein palio *findet zweimal im Jahr statt, am 2. Juli zu Ehren der Madonna von Provenzano und am 16. August zu Mariä Himmelfahrt. Bei besonderen Gelegenheiten, wie dem ersten Besuch eines Menschen auf dem Mond, wurden zusätzliche Veranstaltungen organisiert. Abgesagt wurde und wird er dagegen nur aus schwerwiegenden Gründen, wie zur Zeit der Weltkriege, bei Erdbeben, einschneidenden politischen Ereignissen, Cholera, Besetzung durch fremde Truppen oder den Tod eines Königs.*

Am palio *nehmen die* contrade *teil, von denen es 1723 noch 42 gab, heute sind es 17. Zehn von ihnen bestreiten das Rennen, das im Vorfeld komplizierte Losverfahren notwendig macht. Die zehn Pferde aus Privatbesitz werden von den* capitani *aus einem Pool von 25 bis 30 Tieren ausgesucht. Die Auswahl findet im Rahmen der* tratta *statt, bei der die Jockeys Jacken in Schwarz und Weiß tragen, den Farben der Stadt, und die Pferde per Los ermittelt werden. Man versucht eine Gruppe von Pferden mit ähnlichen Erfolgsaussichten zusammenzustellen, indem man die besten und die schlechtesten aussortiert.*

Den contradaioli *(Bürger einer* contrada*) ist es im Übrigen weniger wichtig, den Sieg im* palio *zu erringen, als den Sieg dieser oder jener* contrada *zu verhindern, mit der man seit Urzeiten verfeindet ist.*

Sobald die Pferde, zehn an der Zahl, ausgewählt sind, werden sie den einzelnen contrade *zugeteilt. Dabei kommt es unter den* contradaioli *– je nachdem, ob ihnen das zugeteilte Pferd gefällt oder nicht – zu Szenen großer Freude oder Verzweiflung. Stirbt eines der Tiere noch vor dem Rennen, gibt es keinen Ersatz. Ein Page trägt dann bei dem Umzug, der dem Rennen vorangeht, die Hufe und den Schweif des Pferdes auf einem Tablett.*

Zwischen der tratta *und dem* palio *finden jeden Tag zwei Rennen statt, um die Pferde, den Start und den Boden zu testen.*

Kriege gewinnt man bekanntlich nicht nur durch den Einsatz der Waffen, sondern auch durch den Einsatz von Diplomatie. Umso wichtiger sind die partiti, *geheime Absprachen unter den* contrade, *um den Sieg eines bestimmten Pferdes zu erleichtern.*

Mit dem palio *ist einiger Aberglaube verbunden. Blickt man zum Beispiel zu Beginn des Rennens auf die Wetterfahne der Torre del Mangia, des Rathauses, so kann man angeblich erkennen, welche* contrada *siegen wird. Ähnliche Informationen lassen sich auch aus der Richtung ablesen, in die die Tauben davonfliegen, wenn der Knall des Startschusses sie aufgescheucht hat.*

Die Startordnung, die sichere Vorteile verschaffen kann, wird am Tag des Rennens ausgelost. Die zahlreichen Losverfahren im Verlauf des palio *sind übrigens der Grund, weshalb jemand einmal schrieb, »das Schicksal des Königs (sei) der* palio*«.*

Das Rennen führt dreimal um den Platz herum. Besonders tückisch sind dabei die beiden Haarnadelkurven von San Martino und Casato, sowie die Steigungen und Gefälle. Das gesamte Rennen geht über 990 Meter und dauert rund 90 Sekunden – lange genug, um einen Herzinfarkt zu erleiden.

Die Jockeys stammen nicht aus Siena und werden geliebt und gehasst: Als Sieger wie Halbgötter verehrt, laufen sie Gefahr, mit der Mistgabel aufgespießt zu werden, wenn der Verdacht aufkommt, dass sie sich haben bestechen lassen. Sie reiten ohne Sattel und in angefeuchteten Hosen, um auf

Italien, Siena
Bei dem Auswahlrennen auf der Piazza tragen die Jockeys die Farben der Stadt: Schwarz und Weiß *(Seite 105 oben).*

Italien, Siena
Die *spennacchiera* hilft zu erkennen, zu welcher *contrada* das Pferd gehört, wenn es seinen Reiter verloren hat *(Seite 105 Mitte).*

Italien, Siena
Die Zahlen auf den Kruppen erleichtern die Auswahl der Pferde, die am Rennen teilnehmen werden *(Seite 105 unten).*

dem Pferderücken mehr Halt zu finden. Ihre Waffe ist ein so genannter »Ochsennerv«, in Wirklichkeit der getrocknete Penis eines noch nicht entwöhnten Kalbs. Bis 1701 waren lange Peitschen in Gebrauch, mit denen man auch seine Rivalen zu Fall brachte. Sieger ist, wer als Erster die Ziellinie erreicht. Auch ein Pferd, dessen Reiter unterwegs gestürzt ist und das allein durch das Ziel läuft, kann Sieger sein, vorausgesetzt es trägt zwischen den Ohren die spennacchiera, ein seltsames Objekt in den Farben der contrada und verziert mit einem Spiegel, der Glück bringen soll. Geht ein Pferd als Erstes durchs Ziel, ohne die Farben seiner contrada zu tragen, weil es die spennacchiera verloren hat, wird ihm der Sieg aberkannt.

Der palio ist in erster Linie ein Männersport. Nur zwei Frauen ritten bislang mit: Virginia Tacci, die 1581 als 14-Jährige die Farben der contrada del Drago getragen haben soll, und Rosanna Bonelli, »die Teufelin« genannt, die 1957 die Farben der contrada dell'Aquila verteidigte.

Die Pferde, die bis um 1960 aus der toskanischen Maremma oder anderen einheimischen Zuchtgebieten kamen, sind heutzutage Vollblut- oder Halbblut-Rennpferde von kleineren Provinzrennbahnen, die man barberi (Berber) nennt. Dies könnte ein Hinweis darauf sein, dass es in Italien früher mehrere Veranstaltungen im Stil des palio gegeben hat, bei denen aus Afrika stammende Pferde antraten.

Für Siena und seine Bewohner entscheidet der palio über Leben und Tod, Liebe und Hass. Die Zugehörigkeit zu einer contrada ist für jeden Sienesen von größter Bedeutung. Man gehört jener contrada an, in der man geboren wurde.

Als in modernerer Zeit die Kinder immer öfter im Krankenhaus zur Welt kamen, das in der contrada della Selva steht, war abzusehen, dass dies zu Komplikationen führen würde. Die Sieneser lösen das Problem, indem sie unter das Bett der Mutter einen Eimer mit Erde aus ihrer eigenen contrada stellen oder das Neugeborene in die Fahne des Viertels wickeln, zu dem seine Eltern gehören.

Oman
Die Strasse der Pferde

Im Oman finden Pferderennen früh am Morgen statt, um der Gluthitze des Tages zu entgehen. Die Nacht zuvor verbringt man unter freiem Himmel.
Das heutige Sultanat hat in der Geschichte des Pferdes und der Reitkunst aufgrund seiner geografischen Lage stets eine große Rolle gespielt: Es verbindet die arabische Halbinsel mit dem indischen Subkontinent. Die Araberpferde aus Mesopotamien kamen zuerst immer im Oman an, nachdem sie Kuwait und die

langen Küsten der Halbinsel hinter sich gelassen hatten. Im Oman wurden sie dann eingeschifft und nach Indien überführt.
Die englischen Offiziere gingen liebend gern nach Bombay, um beim Ausladen der kleinwüchsigen Pferde zuzusehen und sich die besten Exemplare für die Jagd mit der Lanze auf wilde Schweine oder für das Polospiel herauszupicken – und sicher auch, um dabei mit ihren Pferdekenntnissen zu brillieren.

Inzwischen sind die einheimischen Araberpferde im Oman sehr selten geworden. Sie wurden wie fast überall in der arabischen Welt des Nahen Ostens durch Rennpferde verdrängt, die zwar ebenfalls arabischer Abstammung sind, aber aus Deutschland, den Vereinigten Staaten oder aus Polen importiert sind. Es kann also durchaus passieren, dass man im Oman einem Araberpferd begegnet, das in Nebraska zur Welt gekommen ist.

Syrien
Erinnerungen an ein Pferderennen

Syrien, Tadmor Palmyra
Ein Galopp am Morgen auf der Pferderennbahn inmitten der Ruinen von Palmyra.

In dem Jahr, als dieses Bild entstand, hatte ich ein fantastisches und reichlich amüsantes Erlebnis. Vor lauter Angst, zu spät am Start zu erscheinen, kamen die Beduinen zwei Stunden zu früh zur Rennbahn. Immer wenn sie glaubten, an der Reihe zu sein, weil sie gehört hatten, dass die Lautsprecher ihre Namen aufriefen, sprangen sie in den Sattel und ritten zum Start. Jedes Mal wurden sie wieder weggeschickt, weil sie nicht zum richtigen Zeitpunkt gekommen waren.

Das Ergebnis war ein buntes Durcheinander mit kleinen Scharmützeln zwischen den Rivalen und einem fröhlichen Publikum, das sich auf den 2000 Jahre alten Steinen der Oase niedergelassen hatte.

Um sich die Zeit zu vertreiben, nahmen die Beduinen am für sie fremden Ritual des Gruppenfotos teil. Der ganze Stamm stellte sich – wie eine Gruppe japanischer Touristen vor dem Schiefen Turm von Pisa – in einer Reihe auf und wartete geduldig auf das Klicken des Auslösers. Genau dann nahmen die Reiter eine feierliche Habt-Acht-Stellung ein.

Am Tag des Rennens, das über 15 Kilometer geht (auch wenn der eine oder andere Organisator schwört, es seien eher 16 oder 18 Kilometer), traten die Adjutanten eines arabischen Königreichs, dessen Namen ich hier aus Rücksichtnahme lieber verschweige, zum Rennen an.

Sie hatten einen Tierarzt im Schlepptau, trugen Reitkappen und Stiefel, hatten gut gefettetes Lederzeug und ritten Araberpferde europäischer Herkunft von überirdischer Schönheit und in hervorragender körperlicher Verfassung.

Neben diesen makellos ausgestatteten Offizieren stellte sich der unordentliche Haufen der Beduinen auf. Ohne Sattel oder zumindest ohne Steigbügel, auf mageren Pferden, die langen Hemden in die Hosen gestopft, in Tennis-, Jogging- oder Fußballschuhen mit Stollen. Ihre Tiere trugen kein Gebiss; die Zügel waren unmittelbar am Kopfzaum befestigt. Es schien von vorneherein klar, wie dieses Rennen ausgehen würde.

Doch am Ende der staubigen Rennbahn waren es die sieben Pferde des mesopotamischen Beduinenstammes der Thais, die das Ziel als Erste erreichten – mit etwa einem Kilometer Vorsprung vor dem ersten Reiter der ausländischen Offiziere.

Mongolei – die reitenden Kinder des Nadaam

Ulan Bator ist eine seltsame Stadt, die Steppe beginnt noch innerhalb ihrer Grenzen. Das Flugzeug dreht über der Ebene Kreise wie ein Adler auf der Jagd, und die Pferde sind darin schon vor der Landung sichtbar. Ab und an sieht man mitten in der Nacht in den leeren Straßen der Hauptstadt betrunkene Reiter, die wie Phantome eines Geisterheeres im Sattel schwanken. Das Klackern der unbeschlagenen Hufe auf dem Asphalt und heisere Rufe unterbrechen als einzige Geräusche die Stille.

Am Tag des Nadaam wird die Steppe rund um Ulan Bator lebendig. Von ihren fernen Weiden kommen Tausende von Nomaden auf von Kamelen gezogenen Karren, mit Lastwagen, Traktoren oder dem Zug in die Stadt, um bei den drei härtesten Wettkämpfen zugegen zu sein: dem Ringkampf, dem Bogenschießen und dem Pferderennen. Sie errichten ein riesiges Lager aus traditionellen Jurten, aber auch aus leichten Zelten aus bemalter Leinwand, die sich wesentlich schneller aufbauen lassen.

Nach einer kalten, feuchten Nacht erwacht das Lager, bevor die Sonne sich zeigt. Die Kinder reiben sich verschlafen die Augen, die Pferde wiehern, die Männer sitzen bereits im Sattel, um die Tiere wieder einzufangen, die sich in der Nacht zu weit vom Lager entfernt haben. Die Erde erzittert unter dem Getrappel der Hufe.

Nach einem erbitterten Ringkampf mit Fohlen, die sich wie junge Löwen wehren, werden die Stuten gemolken. Mit gewienerten Stiefeln, umgehängter Tasche und einer pagodenförmigen Pelzmütze angetan gehen die Ringkämpfer zur Arena. Die noch sehr jungen Reiter bereiten sich auf das Rennen vor. Wer vermag zu sagen, warum das Pferderennen als ein sehr männlicher Sport betrachtet wird, wenn doch die winzigen Reiter (und Reiterinnen) in ihrer bunten Kleidung kaum älter als zehn Jahre alt sind? Sobald die Kinder im Sattel sitzen, verstummt ihr Lachen. Im eisigen Wind der Steppe springt die Haut der Wangen auf und die Lippen beginnen zu bluten. Die ledernen Steigbügel sind exakt auf die kurzen Beine der Kinder eingestellt.

Das Lager hallt von Schamanengesängen wider, die die Kinder singen, um sich und ihren Pferden Mut zu machen. Sie reiten Zirkel im verstärkten Trab, im Pass, im versammelten Galopp, damit sich die Pferde vor dem Rennen warm laufen. Und ganz plötzlich, als hätten sie einen Befehl vernommen, reiten sie auf die Rennstrecke zu.

Fern der Blicke der Zuschauer reihen sie sich am Start auf. Dahinter wartet eine Strecke von vielen Kilometern auf sie. Sie sollen schnell reiten, aber auch nicht zu schnell, um ihre Pferde nicht übermäßig zu ermüden. Sie lassen das Lager hinter sich und singen immer weiter, damit der Mut sie nicht verlässt. Von diesem Augenblick an sind die Kinder mit ihren Tieren allein.

Nach einer langen Stunde, nachdem sie Hügel hinauf- und hinuntergeritten sind und steinige ausgetrocknete Flussbetten durchquert haben, kommen die Reiter inmitten von Staubwolken wieder im Lager an.

Inzwischen hat der Galopp seinen Schwung verloren, die Pferde triefen vor Schweiß und blähen vor Anstrengung die Nüstern so weit auf, wie sie können. Unter der Haut zeichnen sich die geschwollenen Adern so deutlich ab wie Flüsse auf einer Landkarte. Die Kinder setzen eifrig ihre Peitschen ein und beobachten die Positionen ihrer Rivalen.

Die Ankunft der Kinder auf ihren Pferden löst beim Publikum Begeisterungsstürme aus. Die Zuschauer, die ebenfalls im Sattel sitzen, lassen sich von den Polizisten nicht davon abhalten, sich um die Zielgerade zu drängen. Sobald die von den Pferden der kleinen Reiter aufgewirbelte Staubwolke sichtbar wird, entwickelt sich ein Lärm wie Donnergrollen. Ein Vater kann sich nicht mehr beherrschen und reitet im Galopp an die Seite seines Sohnes.

Einige Kinder, deren Pferde nicht einmal mehr auf die Peitsche reagieren, wirken verzweifelt. Das Ziel, das so fern schien, ist plötzlich viel zu nah.
Die berittenen Schiedsrichter in roten Uniformen reiten zu den ersten fünf Ankömmlingen, »die fünf mit der Stutenmilch gesegneten Pferde«. Mit einem Zepter, auf das die Reihenfolge des Einreitens ins Ziel geschrieben wurde, erklären sie sie unter dem Jubel der Menge zu Siegern.
Ein Pferd galoppiert ohne Reiter ins Ziel, andere kommen im Schritt, mit steifen Beinen und hängenden Ohren, ohne die klopfenden Reiterbeine und die energischen Peitschenhiebe zu beachten.
Unter den Kindern, die zuletzt im Ziel eintrudeln, entspannen sich Kämpfe, denn keiner will der Allerletzte sein und die Schmach erleben, dass seinem Pferd ein Schafsmagen um den Hals gehängt wird, zum Zeichen, dass das Pferd ein Verräter ist und »wie ein Schaf gefressen hat«.
Nach dem Rennen streifen die Kinder ihre Pferde mit schön geschnitzten Schweißmessern aus Holz ab und führen sie stundenlang trocken. Die Erwachsenen besuchen – natürlich zu Pferde – Freunde, die sie schon lange nicht mehr getroffen oder aber am Tag zuvor in der Menge erkannt haben. Man reicht hübsche alte Schnupftabakdosen und Pfeifen herum, trinkt Joghurt oder in einem einzigen Zug große Tassen voller Wodka aus, isst frischen trockenen Käse und nascht Bonbons.
Die Pferde, die am Nadaam teilnehmen, erkennt man leicht an ihrem sehr hohen Haarschopf und an dem um den Schweif gebundenen Lederriemen.
Ihr Training beginnt 21 bis 45 Tage vor dem Rennen. Zu diesem Zeitpunkt bringt man die Tiere auf die nahrhaftesten Weiden und nähert sich dabei langsam Ulan Bator. Jedes Mal, wenn man ein neues Lager aufbaut, geht man singend dreimal im Uhrzeigersinn mit allen Pferden um die ausgewählte neue Stelle herum, um das Gelände einzugrenzen und es den Pferden einzuprägen.
Manche Familien legen über 400 Kilometer zurück, nur um an diesem großen Ereignis teilzunehmen.

Vor dem Rennen wird dafür gesorgt, dass die Pferde ihren dicken Grasbauch verlieren, der sie kurzatmig macht. Deshalb bindet man sie von Sonnenaufgang bis spät in die Nacht an und lässt sie nur noch wenige Stunden weiden. Das Weidegras ist das einzige verfügbare Futter, das allein durch Salzblöcke ergänzt wird. Zwei- bis dreimal am Tag, wenn es am heißesten ist, erhalten die Tiere zu trinken. Und man wirft ihnen dicke Filzdecken über, damit sie schwitzen.
Um die Ausdauer der Pferde zu trainieren, reitet man sie nach einer Aufwärmphase im leichten Galopp vier bis sechs Kilometer weit in einer Geschwindigkeit, die umso schneller wird, je näher der Tag des Rennens rückt.

Auch für den Sprint am Ende des Rennens wird sorgfältig trainiert: Ein Reiter auf einem frischen Pferd kommt auf die Höhe des bereits müden zukünftigen Gegners und lässt ihn auf den letzten Metern hinter sich herlaufen, um auf diese Weise seinen Ehrgeiz anzuspornen.
Die vermeintlich banale Frage nach der Länge der Rennstrecke löst eine endlose Diskussion und eine Flut widersprüchlicher Informationen aus. In Wahrheit halten die Mongolen die Länge der Strecke und die Dauer der Zeit, die nötig ist, um sie zurückzulegen, für unwichtig, denn alle legen ja dieselbe Strecke zurück. Wie schnell man ist, spielt jedenfalls keine große Rolle, solange man nur unter den ersten fünf ist.

Bei den Rennen treten in den verschiedenen Altersklassen jeweils 200 bis 300 Pferde an, jedoch erinnert man sich noch an Starts mit 850 Pferden.
Die Pferde werden folgendermaßen eingeteilt:
- *Pferde über fünf Jahre laufen auf einer Stecke von ungefähr 30 Kilometern;*
- *bei Pferden von bis zu vier Jahren werden Hengste und Wallache getrennt;*
- *Dreijährige und jüngere laufen 18 Kilometer;*
- *Zweijährige und jüngere laufen 15 Kilometer.*

Stuten nehmen nicht teil. Man erzählt von einem 24 Jahre alten Pferd, das einmal das Rennen gewann. Sehr junge Pferde werden übrigens häufig mit einem Filzsattel und ohne Steigbügel geritten.

Mongolei
Die jungen Reiter des Nadaam laufen auf der Zielgeraden ein.

Das Pferd bei der Arbeit

Die Arbeit mit Herden, seien es nun Pferde-, Rinder- oder Schafsherden, bildet den Höhepunkt der Reitkunst und der Beziehung zwischen Mensch und Pferd. Das soll nicht heißen, dass diese Beziehung immer eine Form von Freundschaft darstellt – diese Fälle sind eher selten. In Wirklichkeit ist die Liebe zum Tier nach wie vor ein Luxus, den sich am ehesten die wohlhabenden Bürger der Städte leisten können. Für denjenigen, der im Sattel arbeitet, ist das Pferd ein Werkzeug, das das Leben des Reiters in erster Linie erleichtern soll und auf keinen Fall belasten darf.

Die Ausbildung eines Arbeitspferdes verläuft langsam und methodisch und wird Tag für Tag ohne Eile fortgesetzt. In Argentinien heißt es: »*Si poco es bueno, mucho no es mejor*« (grob übersetzt etwa: »weniger ist oft mehr«). Je länger die Ausbildung dauert, desto weniger braucht das Pferd im Laufe eines Tages zu lernen und desto stärker prägt sich ihm das Gelernte ein.

Um das Pferd zu beherrschen, setzt der Reiter das Gebiss als »Verbündeten« seiner Hände und die Sporen als »Verbündete« seiner Beine ein. Diese »Hilfsmittel« sollten allerdings sparsam, im richtigen Moment und auf korrekte Weise verwendet werden, nicht um das Pferd zu verletzen, sondern um es behutsam zu lenken. Richtig eingesetzt, können Gebiss und Sporen beim Pferd die gewünschten Reaktionen herbeiführen, gebraucht man sie dagegen übermäßig, verlieren sie jegliche Wirkung.

Weltweit gilt das Leben des Vaquero – nennen wir hier den Hirten zu Pferde einfach bei seinem spanischen Namen – als heldenhaft. Er trotzt rauer Witterung, muss mit Staub und Schlamm fertig werden, verbringt die Tage von Sonnenaufgang bis Sonnenuntergang im Sattel, und manchmal sogar die Nächte. Die Beschäftigung mit seinem Reittier beschränkt sich außerhalb der Arbeit allerdings darauf, es in funktionstüchtigem Zustand zu erhalten.

Die Arbeit mit dem Vieh erfordert vollkommenen Einklang zwischen Reiter und Pferd. Der Reiter muss frei handeln können, ohne sich um mögliche Reaktionen des Pferdes kümmern zu müssen, das seinerseits seinem Herrn helfen und seine Aufgaben praktisch von allein erkennen sollte. Der kleinste Fehler, die geringste Verweigerung oder Verzögerung würden im günstigsten Fall zu einem Zeitverlust führen, könnten aber auch schlimmere, sogar tödliche Folgen nach sich ziehen.

Für den Reiter ist es zwingend notwendig, die Vorzüge und Fehler, vor allem aber die Grenzen des Pferdes genau zu kennen. Mensch und Tier müssen in der Lage sein, sofort von einem Zustand zum anderen – von der Ruhe zur Arbeit – zu wechseln und das Geschehen um sie herum nüchtern einzuschätzen.

Mongolei
Die Schafe an einem sonnigen Tag zur Tränke zu treiben ist für die kleinen Jungen sicher ein lustiges Spiel *(oben)*.

Mongolei
Die *urga* wurde bereits von den Reitern der Skythen benutzt. Sie ist kein Lasso, weil sie keinen beweglichen Knoten hat, dient aber ebenfalls dazu, Pferde einzufangen *(Seite 113 oben)*. Sie besteht aus mehreren zusammengebundenen Holzstäben (in der Steppe ist Holz sehr selten) und aus einer Lederschlaufe, die man dem Tier um den Hals legt. Dreht man dann an den Stäben, wird die Schlaufe enger.

Der Vaquero muss die Bewegungen des Rindes deuten und voraussehen können, muss plötzlich angaloppieren oder stehen bleiben, durch einfachen Druck des Beins mit gleicher Schnelligkeit nach links oder rechts wenden können. Für die Arbeit braucht er mindestens eine freie Hand, sodass sein Pferd praktisch von allein rückwärts gehen, das Lasso mit seinem Körpergewicht spannen und auf die Weise ein Rind halten muss, das schwerer sein kann als es selbst.

Mitunter wird die Hütearbeit stark durch die Landschaft beeinflusst: Berge, Moore oder Gestrüpp schaffen zusätzliche Schwierigkeiten, die Pferd und Reiter zu bewältigen haben. So ist das Zusammentreiben der Herde auf einer offenen Ebene nicht mit der Arbeit eines Hirten zu vergleichen, der das Vieh aus dichtem Gebüsch herausholen muss, in dem sein Lasso nichts nützt.

Schwierige Umweltbedingungen, zum Beispiel schroffe Landschaften und ein raues Klima, verhindern – wie etwa in den Anden von Ecuador – jegliche Modernisierungsversuche und bewirken, dass die Arbeit mit dem Vieh auch heute noch den gleichen Glanz und das gleiche Elend mit sich bringt wie in vergangenen Zeiten.

Argentinien, Corrientes
San Juan de Poriahu

Afrika südlich der Sahara – das Reich der barfüssigen Reiter

Kamerun

Für die traditionelle Reitweise werden in Afrika südlich der Sahara extrem scharfe Zäumungen eingesetzt, wie sie in Europa im Barock gebräuchlich waren. Um sich der Hand des Reiters zu entziehen, recken die Pferde die Köpfe nach oben, was sie bisweilen wie Dromedare aussehen lässt.

Das Pferd kam im 18. Jahrhundert mit den Fulbe nach Kamerun – jenen Hirtennomaden, die ihre Raubzüge weit nach Süden bis an die Grenzen des tropischen Regenwalds ausdehnten und dabei neben dem Pferd und der Reitkunst auch den Islam verbreiteten.

Die Pferde der Fulbe gehörten ursprünglich der Rasse der Dongola an, die nach einer alten Stadt im Sudan benannt ist. In jüngerer Zeit wurden zu Kriegszwecken und im Tausch gegen Waren mehr oder weniger reinblütige Araber- und Berberpferde eingeführt. In den 1840er Jahren importierte Frankreich im Zuge seiner kolonialen Eroberungen Araberpferde aus dem Sudan, in den 1850er Jahren aus Tunesien sowie Anglo-Araber aus Frankreich.

Das Dongola-Pferd weist oft eigentümliche Merkmale auf: lange weiße Abzeichen an den Füßen und am Kopf sowie degenerative Erscheinungen wie eine fehlende Pigmentierung der Genitalregion, helle Augen, Stellungsfehler und eine schmale Brust.

Den Pferden fesselt man ständig die Vorderbeine oder verbindet durch ein Seil ein Vorderbein mit einem Hinterbein. Dieser Brauch ist oft ein Grund für Stellungsfehler, denn auf diese Weise können sich die Gliedmaßen nicht richtig entwickeln. Außerdem verursacht die Fesselung Schäden an Sehnen und Gelenken sowie einen anderen typischen Fehler: das Vorziehen des Hinterbeins in allen drei Gangarten, was wiederum nicht schön aussieht und für den Reiter unbequem ist.

Die Pferde erhalten reichlich Hirse, Bohnen, Maiskörner und faserreiche Ranken zu fressen. Sobald nun ein Tier, das die meiste Zeit gefesselt war und allzu üppig gefüttert wurde, zu einem feierlichen Anlass geritten wird, verwandelt es sich in eine vierbeinige Furie, steigt, dreht sich um die eigene Achse und macht regelrechte Luftsprünge.

Um einen derartigen Drachen beherrschen zu können, setzt man entsetzliche Zäumungen ein wie riesige Gebisse mit einem Eisenring als Kandarre. Die Teile des Gebisses sind sehr scharf und spitz und mitunter asymmetrisch. Um dem Gebiss auszuweichen, reckt das Pferd den Kopf hoch und zieht sich auf diese Weise Schäden besonders in Höhe des vierten Nackenwirbels, aber auch des gesamten Halses zu.

Es gibt im Übrigen keinerlei Auswahlkriterien für Zuchtstuten, weder was den Körperbau noch was den Charakter betrifft. Sie weiden mit ihren Fohlen unter Aufsicht von Hirten zusammen mit Rindern und Schafen im heißen Busch.
Während die Hengste zu reichhaltig gefüttert werden, müssen die säugenden Stuten und die Fohlen paradoxerweise hungern. Dennoch bringen sie fast jedes Jahr ein Fohlen zur Welt und erstaunlicherweise ist die Sterberate unter diesen gering.
Der Grund für den Niedergang der traditionellen Zucht und die Abnahme des Kameruner Pferdebestands liegt in erster Linie an den heutigen Verhältnissen. Pferde sind mittlerweile auch in Kamerun nur noch Prestigeobjekte ohne praktischen Wert.
Der sehr alte lamido *(Chef) von Pette, ein frommer und gebildeter Mann, erzählte, dass er als junger Mann und Herrscher 5000 Untertanen und 250 Reiter befehligte. Einmal in der Woche verließ er mit seinem ganzen Gefolge seinen Herrschaftssitz, um sich nach Maroua zu begeben. Er legte die Strecke von 60 Kilometern in drei Stunden zurück, erledigte seine Staatsgeschäfte und kehrte mit denselben Pferden – nach einem ebenfalls dreistündigen Ritt – in seinen Palast zurück.*
Auf den westlichen Hochebenen an der Grenze zu Nigeria führen die Tiere ein angenehmeres Leben. Bis vor kurzem weideten auf diesen Ebenen Rinder, Schafe und Ziegen, Pferde und Kaffernbüffel, bis eine Seuche alles Wild dahinraffte.
Die Weiden sind hier grüner, die Fohlen dürfen frei durch die Täler galoppieren und entwickeln so harmonische Körperformen. Grundsätzlich haben diese Pferde wesentlich kürzere Beine als die des Nordens, was ebenfalls dazu beiträgt, dass Verletzungen und Stellungsfehler der Gliedmaßen seltener auftreten. In dieser Gegend reiten die Hirten die Pferde täglich, um ihre Herden auf die Weiden zu begleiten.

Kamerun
Aus einer Zeit, in der Kriegsrösser ständig zur Hand sein mussten, stammt der Brauch, die Hengste an den Beinen zu fesseln. Auf diese Weise konnte man sie rasch einfangen und satteln. Allerdings verursacht diese Gepflogenheit schwere Schäden an der Wirbelsäule des Pferdes und typische Fehler in den Gangarten.

Kamerun
Reiterspiele der Kinder
(Seiten 116–117).

Argentinien, Estancia El Borde de las Lanzas
Im Norden Argentiniens schätzt man Maultiere besonders bei der Arbeit mit dem Vieh. Hier tragen Maultier und Pferd *guardamontes*, die den Reiter vor Dornen schützen.

Maultiere

Man möge mir verzeihen, dass ich in einem Pferdebuch über Maultiere schreibe, aber ich habe eine Schwäche für sie und stehe damit sicher nicht allein. Dies kommt wohl daher, dass mein erstes »Pferd« ein braunes Maultier war, das Lasten trug und den Wagen meiner Großeltern zog, die in den Bergen lebten. Als Indianer verkleidet und mit meinem Gummi-Tomahawk posierte ich für Fotos stolz auf seinem Rücken und stellte mir dabei vor, es sei ein Vollblut. Seitdem habe ich, wann immer es möglich war, Maultiere geritten und es nie bereut.

Ein Maultier ist kein minderwertiges Pferd, ganz im Gegenteil. Besonders in schwierigem sandigem oder felsigem Gelände eignet sich das Maultier wesentlich besser zum Reiten als das Pferd. Maultiere sind trittsicher, achten darauf, wohin sie ihre Hufe setzen, reagieren nie unbedacht, sind ruhig und ausgeglichen und die idealen Partner für die Arbeit mit dem Vieh. Allerdings darf man nie von ihnen verlangen weiterzugehen, wenn sie müde sind, denn sie haben ein großes Selbstbewusstsein.

In Südamerika gab es zur Kolonialzeit eine »Straße der Maultiere«, ein Gebiet in den Ebenen Argentiniens, in dem die Tiere für den Export in die Minen des heutigen Boliviens, Perus und Brasiliens gezüchtet wurden. Maultiere waren außerdem für den Warentransport von Peru nach Argentinien wichtig, weil das koloniale Mutterland den Direktimport nach Buenos Aires verboten hatte.

Die US-Amerikaner, die gerne alles übertreiben, verfügen über fantastische Maultiere, die mit Araber-, Quarter-Horse- und Vollblutstuten für den Dressur- und Springsport gezüchtet werden. »Alles, was ein Pferd kann, kann ein Maultier besser«, lautet entsprechend der Wahlspruch der nordamerikanischen Maultierliebhaber.

Spanien besitzt ebenfalls herrliche Maultiere, wie auch die Stadt Xian in China, wenngleich niemand eine Erklärung dafür hat. Im Maghreb und in Äthiopien gilt es als selbstverständlich, auf längeren Reisen Maultiere zu reiten, die mitunter Passgänger sind. Sogar einige nordamerikanische Indianerstämme waren von den Maultieren so fasziniert, dass sie sie den Pferden vorzogen.

Tatsächlich verdanken wir dem Maultier wertvolle Einsichten in die Geheimnisse der Vererbungslehre und in die Bedeutung des genetischen Beitrags von Hengst und Stute. Wie kann es sein, dass ein Eselhengst und eine Pferdestute zusammen ganz andere Nachkommen zeugen als ein Pferdehengst und eine Eselstute? Oder anders ausgedrückt: Wie kann es sein, dass sich Maultier und Maulesel so stark voneinander unterscheiden?

Die Art und Weise, wie man die Eselhengste dazu brachte, sich für Pferdestuten zu begeistern, reizte bereits die Neugier von Xenophon.

Mir kommt es vor, als besäße das Maultier alle Eigenschaften des Pferdes und die des Esels dazu. Maultiere sind bekanntlich Hybriden und deshalb steril, doch die Fachliteratur hat einige erstaunliche Fälle von Maultierstuten festgehalten, die Fohlen zur Welt brachten. Ebenso erstaunlich ist, dass Stuten, die von Eselhengsten gedeckt wurden, viermal so häufig Zwillinge bekommen wie von Pferdehengsten gedeckte Stuten.

Argentinien, Corrientes

Den Gaucho aus der Provinz Corrientes nennt man pión. *Diese Wort spricht man auf ganz eigene Weise aus, was auf den früheren Einfluss der Sprache Guaraní zurückgeht.*
Wegen der feuchten Hitze und dem allgegenwärtigen Wasser trägt der pión *weder Lederstiefel, die schimmeln würden, noch Gummistiefel, die in diesem Klima unerträglich wären. Er reitet barfuß und hält den Steigbügel mit den Zehen fest. Die langen Sporen sind mit* taloneras, *Lederriemen, auf Fersenhöhe befestigt. Gamaschen und Überhosen aus gestreiftem Leinen schützen Waden und Hose, und nicht selten wird ein Tropenhelm getragen. Um die Taille schlingt der* pión *einen breiten Gürtel aus Hirsch- oder* carpincho*-Leder (*carpinchos *sind Wasserschweine) sowie eine Schürze mit Fransen, den* tirador. *Dieser dient als Schutz vor dem reibenden Lasso und bei der Arbeit mit dem Vieh. Wird der* tirador *nicht gebraucht, rollt der* pión *ihn auf. Hinten im Gürtel stecken ein großes Messer mit dazu gehörigem Wetzstein sowie der unvermeidliche* contaganado, *der Gaucho-Rosenkranz aus fein geflochtenem Leder und Silber – oder Plastik. Jede seiner Perlen entspricht einer bestimmten Anzahl Tiere. Die Farbe des Halstuchs hängt dagegen ab von der politischen Orientierung des* pión.

Argentinien
Estancia San Juan de Poriahu

Paraguay
Dank der Einführung indischer Rinder, die sich besser dem Klima anpassen und widerstandsfähiger gegen Parasiten sind, lassen sich auch in den subtropisch feuchten Gebieten Südamerikas große Viehherden halten.

Paraguay
In allen Breiten zählt das Kastrieren der Rinder zu den typischen Aufgaben der Vaqueros. Meist klingt der Tag mit einem Grillfest aus – und das Grillgut bilden natürlich die entfernten Hoden *(oben).*

Paraguay
Vor der Arbeit trinken die *troperos* im Schatten eines Baums aus einem mit Schnitzereien verzierten Horn kalten, süßen *terere,* den in Paraguay beliebten Kräutertee *(rechts).*

Paraguay
Weil sich am Sattel kein Horn befindet, wird das Lasso mit einer Lederschlaufe direkt am Sattel befestigt. Das Pferd lernt das Lasso durch sein Körpergewicht zu straffen *(oben)*.

Paraguay
Wie überall auf der Welt zeichnet sich auch hier ein gutes Arbeitspferd dadurch aus, dass es morgens gelassen zur Arbeit aufbricht und abends, wenn es müde nach Hause zurückkehrt, immer noch in guter Stimmung ist *(rechts)*.

Ecuador – Reiter in den Wolken

Auf den hoch gelegenen feuchten Regionen des Paramo in den ecuadorianischen Anden wachsen kräftige, nahrhafte Kräuter, die halb spanische, halb indianische Namen tragen wie ballico, llantén, milin, orijula, pagtac, taracsacu *und* yuyos. *Hier findet man steinerne Überreste der* pucaras, *der Festungen der Inka, hier erzählt man sich Geschichten, in denen die Geister und Schätze der spanischen Konquistadoren eine Rolle spielen. Hier ist das Eldorado kein Mythos, sondern Realität, denn die Flüsse sind voller winziger Goldblättchen – die aber zu klein sind, um irgendwie von Nutzen zu sein.*

Im Paramo »regiert« der chagra, *der dem Vaquero Ecuadors entspricht. Er ist alles in allem ein Mestize, der aus der Begegnung von Spaniern mit Einheimischen hervorging. So signalisiert es auch sein Name, der aus dem Quechua kommt. Der* chagra *verehrt* Santiago apóstol, *den Apostel Jakob, und die Erdmutter* pacha mamá, *der er opfert, indem er von jedem Glas* aguardiente, *das er trinkt, den ersten Tropfen auf den Boden schüttet.*

Der Rinderhirte wurde zum Meister im Umgang mit dem Vieh nach spanischem Vorbild. Niemand hat ihm je ein Ruhmeslied gesungen, weder gibt es Bücher noch Filme über ihn, wie über Cowboys und Gauchos, und trotzdem verkörpert der chagra *heute noch das, wofür jene früher berühmt waren.*

Der chagra *und sein Pferd sind in erster Linie* chacareros, *erfahrene Kenner des andinen Paramo, der an den tropischen Regenwald grenzt. Diese Grenze markieren lästige Insekten, Pflanzen, die die Bären zerreißen, um an ihren süßen Saft zu kommen, sowie imposantes Wetterleuchten, das die bedrohlichen Schatten der Nacht erhellt.*

An nebligen Morgen verwandelt sich der chagra *in ein vage wahrzunehmendes Phantom und gleichzeitig in einen wahren »Zentauren«, dessen Körper mit dem seines Pferdes verschmilzt.*

Er und sein Reittier der Rasse paramero *sind die wahren Helden dieser herrlichen, aber schwierigen Landschaft, denn sie verstehen es meisterhaft, auf dem abwechselnd schlammigen und steinigen, oft gefrorenen und immer steilen Boden zurechtzukommen – ein Boden, der sich kaum zum Reiten eignet, würden diese Menschen und Pferde nicht so gut mit ihm umgehen können. In jedem anderen Land, das mehr auf sein traditionelles Erbe hält, wäre der* paramero *eine wegen ihrer physischen und charakterlichen Merkmale hoch geschätzte Pferderasse.*

Eigentlich ist es jedoch das Vieh, das chagra *und* paramero *zu Helden macht, denn es lässt sich alles andere als leicht beherrschen. Es ist behende wie ein Hirsch, unglaublich kraftvoll, und – durch das navarrische Blut von Rindern, das die Jesuiten hineingezüchtet haben, damit ihr Vieh nicht mehr so leicht zu stehlen war, entsetzlich boshaft. Fängt man die Tiere mit dem Lasso ein, fühlen sie sich nicht wie andere Rinder unterworfen und besiegt, sondern rasen in atemberaubendem Tempo auf den Reiter und sein Pferd zu, die Hörner, spitz wie Dolche, kampfbereit gesenkt. Sogar die magersten Kühe sind von unglaublicher Agilität.*

Es ist für den chagra *also lebenswichtig zu wissen, wie und wann er das Lasso werfen und ob er in einem versammelten oder in einem gestreckten Galopp davonreiten muss. So wurde er zum besten Lassowerfer Amerikas und deshalb ist sein Lasso aus gedrehtem Leder mit seinen bis zu 25* brazadas *(ungefähr 45 Metern) das längste der Welt.*

Noch heute kleidet sich der chagra *im gleichen Stil wie vor hundert Jahren, schlichtweg aus dem Grund, weil noch keine andere Kleidung entwickelt wurde, die sich besser dazu eignen würde, im Paramo zu reiten.*

Der Poncho, der aus Kastilien stammen soll, ist ein sehr demokratisches Kleidungsstück. Die Helden, die den Staat Ecuador gründeten, trugen ihn ebenso wie heute die Ärmsten unter den chagras, die damit ihre zerschlissene Kleidung verbergen.

Nach demselben Prinzip wie ein Rauchabzug den Qualm abführt, leitet der Poncho die vom Pferd abstrahlende Körperwärme dem Reiter zu. Vorne ist er etwas kürzer, damit er die Hände vor Regen und Kälte schützt, ohne bei der Arbeit zu Fuß oder im Sattel den Gebrauch des Lassos zu behindern.

Während der Rodeos, dem Zusammentreiben des Viehs, deckt man sich mit ihm zu, wenn man nachts inmitten des hohen Grases hinter einem Stein, der ein bisschen vor dem eisigen Wind schützt, auf schweißgetränkten Satteldecken mit dem Sattel als Kopfkissen schlafen muss.
Im richtigen Moment geworfen, kann ein Poncho sogar ein Menschen- oder Pferdeleben vor den Hörnern einer wütenden Kuh retten.
Unentbehrlich ist auch der gummierte poncho de agua, *der hinter dem Sattel zur Rolle gebunden auf seinen Einsatz bei Schnee- und Regenfällen wartet, mit denen hier ständig zu rechnen ist.*
Ein weiteres wichtiges Kleidungsstück ist der lange Schal, den der chagra *ständig mit sich trägt, um damit bei Kälte sein Gesicht zu bedecken oder aber bei starkem Wind den Hut am Kopf festzubinden. Der Schal kann aber auch als Signalflagge dienen, mit der Nachrichten und Befehle von einem Berggipfel zum anderen übermittelt werden.*

Und nicht zuletzt gibt es die zamarros *– Überhosen aus dem Fell von Ziege, Lamm, Ozelot, Bär, Hund, Wolf, Robbe, Puma oder Hirsch –, die vor Regen, Kälte, Dreck und den Hörnern der Rinder schützen. Das Rodeo hat in dieser Region eine epische oder sogar heroische Dimension, für die auch die eindrucksvolle Erhabenheit der Landschaft verantwortlich ist. Die* señores rodeantes *treffen sich in den frühen Morgenstunden, um vor dem Aufbruch ihre Anweisungen entgegenzunehmen. Sie reiten nicht los, bevor sie nicht ein Glas* aguardiente *getrunken und ein paar Tropfen davon zwischen die Pferdeohren geträufelt haben, um das Tier zu segnen.*
Auf ihrem Ritt zu den abgelegensten Winkeln der Hacienda teilen sie sich in immer kleinere Gruppen auf. Hier wachsen die wilden Dornbüsche, mit deren Zweigen sie ihre Hüte schmücken werden, als wären sie Trophäen, und zwischen denen die Pferde kaum noch vorankommen, sodass die Reiter absteigen und zu Fuß weitergehen müssen.

Ecuador
Auf den großen Haciendas des ecuadorianischen Paramo kann der jährliche Viehauftrieb Tage dauern. Dabei kommen im *contadero,* der großen mit Stein eingefassten Koppel, Tausende von Tieren zusammen *(Seiten 126–127).*

Ecuador

Die Jesuiten führten aus Navarra eine sehr agile und agressive Rinderrasse ein, um Viehdiebstähle durch die Indianer zu verhindern. Das Blut dieser Rasse, die wegen ihrer Kampfstiere gezüchtet wurde, fließt immer noch in den Adern der Rinder des Paramo und macht sich unangenehm bemerkbar, sobald man ein Tier mit dem Lasso eingefangen hat.

Um das Vieh in den abgelegenen Tälern aufzustöbern, muss man ein Wäldchen und ein Gebüsch nach dem anderen absuchen. Dabei entdeckt man auch immer wieder fast erwachsene Kälber ohne Brandzeichen.

Eine, zwei oder drei Nächte verbringen die Männer im Freien und erzählen einander Geschichten von Schätzen, von Hirschjagden, von übernatürlichen Wesen, von berühmten Stieren und außergewöhnlichen Pferden – und die Jungen hören gebannt den Alten zu, während sie alle das Abendessen aus winzigen gegrillten Forellen genießen.

Es folgt ein neuer Tag im Sattel unter den sengenden Strahlen der Sonne oder im dichten Nebel, bei Schnee, Hagel oder peitschendem Regen, und wenn man dann noch Pech hat, rennt das Vieh in der Richtung davon, aus der es gekommen ist – und die ganze Mühe war umsonst.

Die Herde wird jedoch zusammengehalten und wächst stetig an: 1000, 2000, ja sogar über 3000 Tiere ziehen über Anhöhen und durch Täler. Die vertrockneten Weiden werden abgebrannt, damit frisches Grün sprießen kann. Dann treibt man die gesamte Herde in den contadero*, einen von Steinmauern umfriedeten Pferch.*

Nun heißt es noch einmal umkehren, die flüchtigen Stiere suchen und sie wie besiegte Barbarenhäuptlinge in Ketten zurückbringen. Im contadero *wimmelt es inzwischen von weißen Hörnern.*

Der chagra *zeigt, wie virtuos er das Lasso beherrscht – und dann brennt er, kastriert und wählt aus. Abends findet er noch die Kraft zu singen, zu essen und zu trinken, die Geschehnisse des Tages zu kommentieren und ein paar Anekdoten aus der Vergangenheit zu erzählen. Erst dann fällt er in den wohlverdienten, tiefen, komaartigen Schlaf.*

Mexiko
Wie auch andernorts fängt man in Mexiko ein Rind ein, indem man ihm ein Lasso über die Hörner und ein zweites zwischen die Hinterbeine wirft. Damit der Wurf des zweiten *enlazador* Wirkung zeigt, muss das Rind allerdings in Bewegung bleiben.

Die Geschichte des *charro* ist die Geschichte Mexikos

Der charro mit seinem bestickten Sombrero, den chaparreras, Überhosen aus Leder, der kleinen geknoteten Kravatte, den großen Silbersporen und dem unvermeidlichen Schnurrbart ist ein Symbol jenes Mexikos, das seine ländliche und koloniale Vergangenheit nicht vergessen will, obwohl es gegenüber dem einstigen Kolonialherren immer noch einen gewissen Groll hegt.
Dennoch ist der charro ein Stadtmensch geworden. Ob Rechtsanwalt, Chirurg oder Firmenchef – sie alle legen am Wochenende ihre Stadtkleidung ab, schlüpfen in hochhackige Stiefeletten, schnallen den Gürtel um, an dem die Pistole mit dem Perlmuttgriff hängt, nehmen ihr Lasso und ihr Pferd und werden zu Vaqueros. Im lienzo charro, der Arena ihrer Heldentaten, gehen sie aufs Ganze.
Die Geschichte des charro entspricht der Geschichte Mexikos. In Spanien bezeichnet charro denjenigen, der aus Salamanca kommt und die bäuerliche Tracht der Salmantiner soll die Tracht der Vaqueros der ehemaligen Kolonie Mexiko beeinflusst haben. Allerdings war der charro niemals ein Vaquero in Lumpen, eine Art berittener Tagelöhner, sondern der hacendado, der Chef und Gutsbesitzer, der sich an den Arbeitstagen gerne zu seinen Männern gesellte, um seinen Mut, seine Ausdauer und seine Reitkunst zu beweisen und sich so ihren Respekt zu sichern.
Gegen Ende der 1920er Jahre wurde die charreada zu einem Sport. »Espectáculo para familias. No habra sangre.« (Eine Unterhaltung für die ganze Familie. Es wird kein Blut fließen.) – das verkündeten die Plakate. Bis zu diesem Zeitpunkt traten die Berufsreiter mit ihren Kunststücken auch auf den plazas de toros auf, auf denen keinerlei Regeln eingehalten werden mussten. Inzwischen folgt man einem Reglement, und es gibt alles, was es in anderen modernen Sportarten auch gibt: Vereinigungen, Richter, regionale und nationale Meisterschaften. In Mexiko existieren bereits 900 Clubs, ungefähr dreißig davon allein in der Umgebung der Hauptstadt, mit insgesamt rund 27 000 Mitgliedern. Auch wenn man sich dabei die Hände schmutzig macht, handelt es sich um einen Elitesport. Der Mitgliedsbeitrag kann bis zu 30 000 Dollar betragen und man muss sich glücklich schätzen, wenn es einem überhaupt gelingt, einen Bürgen zu finden, der die Aufnahme in den Club ermöglicht.
Auch die Pferde kosten enorme Summen. Nahezu alle sind Quarter Horses aus einheimischer Zucht oder für viel Geld importiert; gute Trainier werden mit Gold aufgewogen und natürlich haben auch die Uniformen und anderen Ausrüstungsgegenstände ihren Preis.
Die moderne charrería ist ein Wettbewerb, an dem zwei Mannschaften mit jeweils acht bis zehn Reitern beteiligt sind. Es gibt zehn Runden, suertes genannt, im Verlauf derer beide Mannschaften versuchen möglichst viele Punkte zu erringen.
Die suerte de calas, die Dressurrunde, ist die erste. Danach folgt die suerte de piales, bei der es durchdringend nach dem Guayacal-Holz des Sattelhorns riecht, das durch die Reibung des Lassos erhitzt wird. Diese Runde ist ziemlich gefährlich. Dabei wirft der Reiter die reata (so nennt man das Lasso in Mexiko) zwischen die Beine eines wilden Pferdes, das im schnellen Galopp in die corredera stürmt, einen 60 Meter langen, von Brettern eingefassten Korridor, der zur runden Arena führt. Nachdem er dieses Pferd gefesselt hat, wickelt der Reiter die reata rasend schnell und geschickt um das Sattelhorn. Wenn alles gut geht, reibt das Lasso gegen das Holz des Sattelhorns, bis dieses zu rauchen beginnt. Wenn etwas schief geht, kann der Reiter

Mexiko, *charreada*
Das Seil wird so schnell um das Sattelhorn gewickelt, dass es vorkommen kann, dass die Finger zwischen Seil und Horn eingeklemmt bleiben. Das ist der Grund, weshalb vielen *charros* ein oder zwei Finger fehlen *(Seite 131 oben).*

Mexiko, *charreada*
Ein Reiter bereitet sich auf den »Todessprung« vor *(Seite 131 Mitte).*

Mexiko, *charreada*
Um ein Pferd bewegungsunfähig zu machen, muss man mit dem Lasso auf seine Vorderbeine zielen und dieses dann schnell über das Sattelhorn aufwickeln *(Seite 131 unten).* Durch die Reibung, die dabei entsteht, wird das gefangene Tier gezwungen, langsamer zu werden, ohne dass es einen abrupten Ruck gibt.

mitunter sogar seine Finger verlieren. Durch das Manöver wird das Pferd nicht plötzlich angehalten, sondern nur in seinem Lauf verlangsamt.

Die suerte de colear *ist die letzte Runde, in der es darum geht, einen jungen Ochsen von 350 Kilogramm Gewicht zu verfolgen, ihn am Schwanz zu packen und zu Boden zu werfen. Der Sinn des* coleo *bestand früher darin, die verwilderten Rinder müde zu machen, indem man sie mehrmals zu Boden warf, bevor man sie mit dem Lasso einfing, um ihnen ein Zeichen einzubrennen und um sie zu kastrieren.*

In dieser Runde ergreift der charro *den Schwanz des Tiers 50 Zentimeter oberhalb der Quaste, hebt sein rechtes Bein mit dem Steigbügel an, um es über den Schwanz zu heben, den er nun zwischen seinem Bein und der Flanke des Pferdes festklemmt. Dann lässt er das Pferd nach links ausweichen, damit zwischen ihm und dem Rind ein Abstand entsteht und das Rind umfällt.*

Früher wurden beim coleo *auch Pferde, Maultiere und Esel zu Boden geworfen. Manche Reiter ritten sogar ohne Sattel und stellten so die Kraft ihrer Beine und ihre Erfahrung zur Schau.*

Punkte gibt es für die Art und Weise, wie das Rind zu Fall gebracht wird. Zusätzliche Punkte erhält, wer das Ziel der suerte *schneller erreicht als vorgesehen. Im Anschluss an diese Runde folgt die* jineteada de toro, *das Reiten auf einem wilden Stier. Wie in allen anderen Runden erhält man auch hier für das Verlieren des Sombreros Strafpunkte, es sei denn, dass man ihn nach dem Absteigen abnimmt, um den angreifenden Stier abzulenken.*

Kaum ist der charro *vom Pferd abgestiegen, beginnt die* suerte de la terna. *Drei* charros *zu Pferde müssen dasselbe Rind einfangen, indem sie ihm das Lasso über die Hörner oder zwischen die Hinterbeine schleudern und es auf die Seite werfen.*

Mexiko

Der *coleo* ist für Mexiko und einige andere südamerikanische Länder typisch. Durch ihn kann man ein erwachsenes Rind auch dort zu Boden werfen, wo schwieriges Gelände den Gebrauch des Lassos verhindert. Der Trick besteht darin, das Rind aus dem Gleichgewicht zu bringen, wenn es auf den Vorderbeinen steht. Früher wendete man den *coleo* auch bei Maultieren und wilden Pferden an.

Bevor man das Lasso auf das Tier schleudert, zeigt man sein Können darin, Figuren wie Kreise, Spiralen und Arabesken zu werfen; dies nennt man florear.
Die gleichen Übungen führt man auch bei der jineteada de yeguas brutas *vor, bei der man ungezähmte Pferde reitet, sowie bei den* manganas *zu Fuß und im Sattel, bei denen man mit dem Lasso das Pferd an den Vorderbeinen einfängt.*
Die letzte Prüfung wird paso de la muerte *genannt. Von zwei* arreadores *assistiert, springt ein* pasador *vom Rücken eines ungesattelten Pferdes auf den Rücken eines anderen, das weder Kopfzaum noch Zügel hat. Natürlich geschieht dies im Galopp.*
Nach dem Wettkampf feiert man ein großes Fest mit mitreißenden Liedern, kolossalen Bier- und Tequilaorgien sowie improvisierten Büffets mit quesadillas, carnitas *(kleinen Teigrollen mit Käse und gegrilltem Fleisch) und* chicharrones *(gebratenem Schweinefleisch), dies alles in Tortillas gewickelt und mit höllisch scharfen Soßen gewürzt. Im Laufe des Abends wird die Unterhaltung immer undeutlicher und wirrer. Der Ingenieur hat sich beim Rechtsanwalt und beim Arzt eingehakt und stimmt mit ihnen ein altes Revolutionslied an. Die Ehefrauen und Verlobten üben Geduld und plaudern unterdessen über ihre fröhlichen Helden, während die noch viel geduldigeren Pferde darauf warten, endlich getränkt zu werden.*
Zweifellos ist der Sombrero das charakteristischste Symbol sowohl des charro *als auch Mexikos. Es gibt mehrere Sombrerotypen:* san luís, pachuqueño, hacendado *und* jalisco. *Der hinten hochgebogene* san luís *inspirierte die Architekten des Fußballstadions von Mexiko-Stadt.*
Ein Sombrero kann aus Weizen-, Hafer-, Reisstroh, aus palma de zayate *oder* palma real *geflochten und mit Zickleinleder verziert sein oder aus zu Filz verarbeitetem Hasen- oder Kaninchenhaar bestehen. Früher verwendete man auch Biberhaarfilz. Die Krempe des* pachuqueño *ist 18 bis 20 Zentimeter breit, doch manche Künstler – die Sänger treten mit Sombreros auf dem Kopf auf, manchmal sogar zu Pferde und inmitten der Zuschauer – tragen Sombreros mit bis zu 26 Zentimeter breiten Krempen.*

Longhorns oder das Leben der Cowboys

Die longhorns *verkörpern im amerikanischen Westen unter den Rinderrassen einen ähnlichen Mythos wie die Mustangs unter den Pferden. Sie können sehr aggressiv sein und sich relativ flink bewegen. Die Cowboys vertreten sogar die Ansicht, dass sie vom Verhalten her eher an Pferde als an Rinder erinnern.*

In jüngster Zeit kreuzt man Tiere des angelsächsischen Typs ein. Bei dieser Rasse haben junge Kühe bei der ersten Geburt weniger Schwierigkeiten als die longhorn-*Kühe. Außerdem setzt man einen Ochsen als Leittier der Herde ein, damit diese sich leichter von Weide zu Weide bringen lässt.*

Die riesigen Herden (800 000 Stück Vieh allein im Jahr 1884), die man zwischen 1866 und 1897 auf dem 2700 Kilometer langen Texas-Trail bis zur kanadischen Grenze trieb, bestanden aus longhorns.

Sie sollten auf den Prärien weiden, auf denen es keine Bisons mehr gab. Vor Antritt des Marsches bekamen sie ein Brandzeichen verpasst, an dem man die Leittiere der einzelnen Herden erkannte.

Eine Herde bestand aus 200 bis 4000 Tieren, die eine fünf Kilometer breite Frontlinie bilden konnten. Man musste sehr aufpassen, dass die Tiere nicht aus irgendeinem Grund, etwa aus »Heimweh«, in eine so genannte Stampede ausbrachen und in panischer Flucht davonstoben.

Besondere Vorsicht war stets an den ersten Tagen des Marsches geboten, an denen das allabendliche Zusammentreiben (round up) *daher sehr gründlich ausfiel. Die ganze Nacht über musste Wache gehalten werden, bei der sich die Männer gegenseitig ablösten. Mit der Zeit gewöhnten sich die Tiere aber an den Marsch und die Arbeit wurde leichter.*

USA, Montana
Longhorns auf der Leachman-Ranch.

USA

Mounted shooting

Dieser Sport ist für reitende Amerikaner der neueste Schrei. Seine Anhänger verkleiden sich als Cowboys des Wilden Westens und schießen mit Single-Action-Revolvern auf Luftballons. Ob sie wohl wissen, dass dieser Sport bereits an den europäischen Höfen des 17. und 18. Jahrhunderts beliebt war und dass der einzige Unterschied zum modernen *mounted shooting* darin bestand, dass man mit Reiterpistolen, die über den Lauf geladen wurden, auf hölzerne »Türkenköpfe« zielte?

Der Tagesablauf war eigentlich immer derselbe: Morgens ließ man die Tiere weiden, während die Männer ihr Frühstück einnahmen. Dann ritt man bis elf Uhr vormittags. Danach durften die Tiere wieder grasen und die Männer essen. Nach der Mahlzeit begaben sich die erste Wache und der Koch mit seinem Küchenwagen dorthin, wo das nächste Nachtlager (bed ground) *aufgeschlagen werden sollte, während die Männer mit der Herde langsamer folgten. Ein idealer Lagerplatz lag möglichst auf einem erhöhten Punkt.*

Sofern es genug Wasser gab und das Gelände nicht zu schwierig war, konnte man auf diese Weise täglich 20 bis 25 Kilometer zurücklegen. Doch ging es keineswegs darum, möglichst schnell voranzukommen, ganz im Gegenteil – im Idealfall wurden die Rinder auf dem Marsch sogar dicker.

Als kritisch erwies sich besonders im Sommer das Durchqueren von Flüssen. Sie flossen zwar nur träge dahin, waren aber breit und schlammig. Einige waren besonders berüchtigt, so der South Canadian wegen seines Treibsands, der Cimarron wegen des salzigen Wassers, das die Rinder nicht trinken durften, oder der Pecos, bei dem es leicht zur Stampede kommen konnte, weil die Tiere, bevor sie ihn erreichten, tagelang kein Wasser erhalten hatten.

Die Angst vor einer Massenpanik, die nichts oder fast nichts aufhalten konnte und bei der die Herde alles niedertrampelte, was ihr in den Weg kam, begleitete die Cowboys ständig. Sobald sich die Herde das Durchgehen einmal angewöhnt hatte, konnte es passieren, dass es sich jede Nacht wiederholte. Eine Stampede konnte aber auch durch ein schweres Unwetter mit Stürmen, Regen, Blitz und Donner auslöst werden – oder absichtlich durch Einheimische, die sich dann den Cowboys als Helfer beim Einfangen der Herde anboten – um den Preis von 50 Cent für jedes wiedergefundene Rind.

Die Indianer bereiteten im Allgemeinen keine Probleme beim Durchqueren ihrer Territorien. Man zahlte ihnen eine Art Steuer, die nach Anzahl der Tiere berechnet wurde. Allerdings konnten Konflikte zwischen den Stämmen zu zusätzlichen Forderungen und in der Folge zu Spannungen führen.

Das Team der Viehtreiber bestand aus dem trail boss, *dem Verantwortlichen, der Anweisungen gab, die Cowboys auszahlte und 100 Dollar im Monat verdiente; dem Koch, der 35 Dollar erhielt und für Küche, Kochwagen und die sechs Maultiere verantwortlich war, die den Wagen zogen; sowie zehn bis zwölf Cowboys, die je 30 Dollar bekamen. Außerdem gab es noch den* wrangler *(abgeleitet vom spanischen* caballerango*), den rangniedrigsten und oft jüngsten Cowboy, der nur 25 Dollar erhielt. Er war für die sechs bis acht Pferde verantwortlich, die jeder Cowboy mit sich führte, damit er regelmäßig seine Tiere wechseln konnte.*

Die erfahrensten Cowboys, die vorne neben den zahmsten Rindern ritten, wurden the point *genannt. Jene, die sich an den Seiten der Herde hielten und ständig hin und her ritten, damit diese zusammenblieb, hießen* the flank. *Die Männer, die der Herde folgten und dabei den von ihr aufgewirbelten Staub schluckten, hießen* the drag. *Manche erfahrenen Cowboys hielten in ihrem Vertrag fest, dass sie sich weigerten, hinter der Herde zu reiten. Am Ende des Marsches behielt jeder Cowboy nur ein einziges Pferd mit Sattel und Zaumzeug, die übrigen wurden verkauft.*

Weit entfernt vom romantischen Klischee war das Leben eines Cowboys trotz großzügiger Entlohnung durch die Eintönigkeit der Arbeit, die ständige Anspannung, das Heimweh und die Aussicht auf einen Winter ohne Arbeit ziemlich deprimierend, wie wir aus den Texten von ehemaligen Cowboys wissen. K. Ross Toole, der sich mit der Geschichte Montanas befasste, schrieb beispielsweise, der Cowboy-Mythos wäre »such an enormous feast on so little food« *(ein gewaltiges Festessen, bei dem es kaum etwas zu essen gab).*

Während die Geschichte der Reitkunst der Indianer eine Zeitspanne von 130 Jahre umfasste, dauerte jene der Cowboys nicht länger als 30, und in der Wirklichkeit war vieles anders, als der Mythos uns glauben machen will. Bereits 1880 hielt man das Vieh nicht mehr nach dem Prinzip des open range, *der freien Verbreitung, weil diese durch Stacheldrahtzäune unmöglich wurde.*

In Westernfilmen sind Cowboys fast immer angelsächsischer Abstammung. In der Wirklichkeit überwogen zwar die Angelsachsen, aber viele Cowboys stammten aus Mexiko, waren Mestizen oder Schwarze, befreite Sklaven von den Plantagen des westlichen Texas. Und es gab sogar einige Exzentriker aus dem europäischen Adel.

Der Filmcowboy steht immer im reifen Mannesalter. Der »historische« Cowboy musste ziemlich jung sein, um das harte Leben aushalten zu können. Ehemalige Cowboys schrieben, dass die meisten von ihnen nach unseren Begriffen Teenager waren – 18 Jahre und jünger.

Vor allem aber waren diese Cowboys nicht wie Cowboys gekleidet. Im Laufe von drei Jahrzehnten entwickelten sich zwar verschiedene Moden, doch unterschied sich ihre äußerst funktionale Kleidung in nichts von dem, was jeder andere Landarbeiter jener Zeit trug. Die einzigen Unterschiede stellten die Stiefel dar, die militärischen Ursprungs waren, und das Tuch, mit dem die Reiter Mund und Nase vor Staub schützten. Außerdem trugen sie keine Waffen, denn sie wären bei der Arbeit mit dem Vieh hinderlich und auch gefährlich gewesen. Die Waffen wurden im Kochwagen transportiert, der die Herde während der Monate des Marsches begleitete.

Und noch etwas stimmt nicht mit den Filmcowboys überein: Die »echten« Cowboys waren zu sehr von ihrer Herde in Anspruch genommen, als dass sie schönen Damen in Bedrängnis hätten helfen können.

Der Mythos des Cowboys indes geht im Grunde auf Buffalo Bill zurück, der ihn erfand und mit seiner reitenden Wildwest-Show für seine Verbreitung sorgte. Die ersten Western-Filme trugen das ihre dazu bei, um eine Figur entstehen zu lassen, die mit dem historischen Vorbild nicht viel gemein hatte.

Rodeo in den USA

USA, Wyoming
Sundance
Während das Wildpferd heftig bockt, versucht der Reiter im Sattel zu bleiben. Dabei hält er sich an einem dicken Strick fest *(oben links).*

USA, Montana
Das Pferd steht in einer Art Startbox, sodass man leichter satteln und aufsteigen kann. Die Rodeo-Ausrüstung der Cowboys ist besonders schick *(oben rechts).*

Zu den Rodeodisziplinen, die sich aus der täglichen Arbeit der Cowboys ableiteten, gehören zwei Prüfungen, bei denen wilde Pferde geritten werden. Bei der einen ist das Pferd gesattelt und man hält sich an einem Strick fest, der mit dem Halfter verbunden ist. Bei der anderen reitet man ohne Sattel und findet seinen einzigen Halt an einem Lederriemen, der dicht hinter den Vorderbeinen um den Pferdeleib geschnallt ist. Bewertet werden sowohl der Stil des Reiters als auch die Wildheit des Pferdes. Früher hatte man kaum Schwierigkeiten, wirklich unreitbare Pferde zu beschaffen. In den 1920er Jahren konnte eine Gruppe Cowboys einfach in die Prärie gehen, ungezähmte Pferde einkreisen und eines davon mit dem Lasso fangen. Ein Cowboy sprang ihm auf den Rücken und regte es mit seinen Sporen und durch Schwenken des Hutes zusätzlich auf. Die Zeit, die er dabei tatsächlich im Sattel verbrachte, spielte offensichtlich keine Rolle. In den 1930er Jahren verschwanden viele dieser Pferde zum Stückpreis von zwei bis fünf Dollar in den Schlachthöfen. Später dann, in den 1940er Jahren, kam jemand auf die Idee, durch genetische Selektion Tiere mit bösem Charakter zu züchten.
Ein Rodeopferd muss in der Lage sein, sein ganzes Leben lang zu buckeln. Tatsächlich weigern sich viele dieser Pferde nur ein bis zwei Saisons lang, sich reiten zu lassen, dann vergeht ihnen die Lust dazu. Andere »verderben«, und nachdem sie einige Zeit als normales Reitpferd gelebt haben, fangen sie eines schönen Tages scheinbar grundlos an zu rebellieren und hören damit nie wieder auf.
Normalerweise widersetzt sich ein ungerittenes Pferd einige Minuten oder einige Tage lang und fügt sich dann in sein Schicksal. Die Schwierigkeit bei der Zucht von Rodeopferden besteht also darin, Elterntiere zu finden, die ihre Aufmüpfigkeit tatsächlich an ihre Nachkommen vererben.
Der Viehzüchter Ernest Tooke aus Ekalaka (Montana) kam eines Tages auf die geniale Idee, eine

Zuchtlinie mit Snowflake zu beginnen, einem Araber-Albinohengst, der Menschen hasste und diese Antipathie an seine Nachkommen vererbte. Der Zufall wollte es, dass auf Tookes Ranch ein Shire-Fohlen zur Welt kam, Prince genannt, das die gleiche Abneigung gegen Menschen zeigte wie Snowflake. Das machte die Sache einfach, denn es genügte von nun an, die beiden Blutlinien zu kreuzen. Von 3500 auf der Ranch gezüchteten Rodeopferden wurden zwölf Champions. Tooke hatte die Erfahrung gemacht, dass man mit Appaloosa und Standardbred mittelmäßige Ergebnisse erzielte, deutlich bessere mit Vollblütern und geradezu hervorragende mit Percherons.

Einige dieser vierbeinigen Rodeohelden wurden sehr berühmt: War Paint, Hell's Angel (mit 750 Kilogramm Gewicht), Midnight, Five Minutes to Midnight, Miss Klamath (die Stute starb in der Arena), Major Reno, Sheep Mountain (dessen Vater General Custer ein Ungeheuer mit 1,80 Meter Widerristhöhe und 850 Kilogramm Gewicht war, aber extrem flink), Snake, Trail End (starb im Alter von 28 Jahren), Descent (der zwischen 1964 und 1975 bei 244 Rodeos auftrat und 170-mal seinen Reiter abwarf).

Die Richter erteilen für den Stil des Reiters maximal 50 Punkte und 50 weitere für den Stil des Pferdes. Die Gesamtpunktzahl setzt sich aus beiden Bewertungen zusammen: Ein Ergebnis von 60 bis 70 Punkten ist mittelmäßig, eines von mehr als 80 Punkten dagegen ausgezeichnet.

Heute werden die Rodeopferde mithilfe einer Puppe ausgebildet, die so viel wie ein Mann wiegt und die mittels Fernbedienung aus dem Sattel geschleudert wird, sobald das Pferd die erwünschten Luftsprünge ausgeführt hat. Wer glaubt, Rodeopferde würden misshandelt, sollte daran denken, dass sie durchschnittlich acht Sekunden am Tag arbeiten und dabei immer aufs Neue die Befriedigung erleben, mit einem einfachen Sprung ihren Reiter losgeworden zu sein. Wie viele Pferde mögen sie darum beneiden!

USA, Montana

Früh übt sich, wer eines Tages Meister werden will. Die Champions von morgen trainieren jedoch nicht an lebenden Kälbern, sondern an Strohballen mit gehörnten Köpfen.

Es ist nicht bekannt, wer das Lasso erfunden hat, aber wir wissen durch die Schriften des Arrian, dass es bereits die libyschen Reiter der Antike benutzten ebenso wie die Mauretanier, die damit Wildesel und anderes Wild fingen.

Die Assyrer fingen auf diese Weise Wildpferde ein.

Die Stierjäger von Thessalien waren ebenso berühmte Lassowerfer wie die Sargaten im Heer des Xerxes, die das Lasso gegen den Feind einsetzten.

USA, Wyoming
Sundance

Goat tying (Ziegen-Anbinden) gilt als einer der beliebtesten Wettkämpfe bei jungen Teilnehmern. Wie bei ähnlichen Rodeowettkämpfen dauert die Prüfung nur wenige Minuten. Man reitet im Galopp herbei, springt aus dem Sattel, fängt eine Ziege ein, die in der Arena an einem Pflock angebunden ist, und fesselt ihr in Windeseile die Beine *(oben links)*.

Team roping erfreut sich der größten Zahl von Anhängern. Gestoppt wird die Zeit, die von den Teilnehmern benötigt wird, um ein Kalb bewegungsunfähig zu machen. Diese Disziplin erfordert ein gutes Auge und viel Übung. Meist liegt das Kalb nach fünf bis acht Sekunden am Boden. Man nimmt dafür Kälber der mexikanischen Rasse Corrientes, die schon in früher Jugend bemerkenswerte Hörner besitzen *(oben rechts)*.

Viele in den USA verwendeten Lassos bestehen aus Synthetikfasern, weil sie rascher auf Bewegung reagieren und es damit möglich machen, wertvolle Sekundenbruchteile zu sparen *(unten links)*. In den USA gibt es über 400 Lassotypen aus verschiedenen Materialen und für unterschiedliche Verwendungszwecke. Allein die King's Saddlery in Sheridan (Wyoming) verkauft jedes Jahr 35 000 bis 40 000 dieser »Seile«.

USA, Wyoming
Big Horn Polo Ranch

Cutting ist der Triumph der Genetik und eine Absage an die Reitkunst. Mit katzenhaften Bewegungen hindert das Pferd das Kalb daran, zur Herde zurückzukehren *(unten rechts)*. Für jegliches Einwirken der Hände und Beine des Reiters gibt es Punktabzug. Hier wird der *cow sense* des Pferdes bewertet, also seine Fähigkeit, die Reaktionen der Rinder vorherzusehen.

PORTUGAL, QUINTA DA FOZ – DIE *PICARIA*

Die picaria *ist die portugiesische Variante der* doma vaquera, *der traditionellen Reitweise der spanischen Rinderhirten. Dabei handelt es sich um eine Mut- und Reitprobe, bei der man einem Kampfstier oder einer Kampfkuh gegenübersteht.*
Anstelle der garrocha *verwenden die Portugiesen den* pampilho, *eine kürzere, biegsame Holzlanze. Die Kleidung ähnelt nur auf den ersten Blick der ihrer spanischen Kollegen, unterscheidet sich aber in zahlreichen wichtigen Kleinigkeiten: Der breitkrempige Hut besitzt einen konkaven statt eines flachen Kopfes, die Jacken sind länger, haben ein Revers und werden häufig mit Knöpfen oder Kettchen aus Silber geschlossen. Die Stiefel bestehen aus schwarzem Ziegen- oder Kalbsleder.*
Zum Zaumzeug gehören die typischen Satteldecken aus Fellen von Fuchs, Dachs, Hirsch, Zebra, echtem oder imitiertem Leopard. Sie haben sich aus dem alten Reisesack entwickelt und schützen den Rücken des Pferdes vor der Reibung des Schweifriemens.

Portugal
Zwei *campinos,* mit aus Wurzelholz geschnitzten Keulen bewaffnet, reiten herrliche Sorraiapferde. Ihren Namen verdanken die Tiere dem Tal zwischen den Flüssen Sor und Raia im portugiesischen Alentejo, in dem sie früher lebten. Es handelt sich um einen sehr alten Schlag, der vermutlich der Vorfahr der Lusitanos, Andalusier und vielleicht sogar Berber war. Der Behang ist zweifarbig, die Beine können Zebrastreifen aufweisen, die Fellfarbe variiert zwischen Grau und Isabellbraun. Der portugiesische Pferdezüchter und Gelehrte Ruy de Andrade rettete die Sorraiapferde in den 1920er Jahren vor dem Aussterben und Vergessen.

Spanien, Andalusien, La Baja
Wenn der verfolgte Stier plötzlich zum Verfolger wird ... *(oben).*

Spanien, Andalusien, La Baja
Bei den Pferden der modernen Vaqueros trifft man viele Vollblüter an *(unten).*

DIE *JACA*

Ursprünglich bezeichnete der Begriff jaca *ein Pferd von weniger als 1,50 Meter Widerristhöhe und ungeklärter Herkunft. Heute nennt man alle spanischen Arbeitspferde so – Wallache wie Stuten.*
Die jaca *trägt die Mähne kurz, der Schweif wird auf eine Länge von 25 Zentimetern »und vier Fingern« zurückgeschnitten oder, häufiger noch, zusammengerollt und geflochten, damit er nicht im Gestrüpp oder an der* garrocha *hängen bleibt.*
Über der Stirn trägt die jaca *den* mosquero, *eine Art Fransentoupet, das den Schopf ersetzt und Fliegen verscheuchen soll. Er kann aus Lederfransen oder aus geflochtenem Pferdehaar bestehen; seine wellenförmigen Bewegungen, deren Präzision an ein Metronom erinnert, unterstreichen die harmonischen Bewegungen des Pferdes. Wenn dem Pferd Mähne und Schopf nicht gestutzt werden, braucht es auch keinen* mosquero *zu tragen.*
Der Reiter bevorzugt den traje corto, *den ländlichen Anzug spanischer Reiter aus robustem Material und in gedeckten Farben oder in hellen Tönen, den es für den Sommer in leichteren Stoffen gibt.*
Außerdem trägt er Hosen mit hohem Bund, Hosenträgern und seitlich geschlitzten Hosenbeinen, die er mit Stiefeletten und Gamaschen kombiniert.
Zur Hose mit geschlossenem Bein zieht er dagegen Stiefel an. Hinzu kommt die schöne zahón, *eine Überhose aus besticktem Leder mit Applikationen aus Katzenhaut, dem einzigen Leder, das vollkommen weiß ist. Auf dem Kopf trägt der Reiter einen Hut, der mit zunehmendem Alter an Höhe verliert und an Breite zunimmt.*

Tienta de machos en campo abierto – Stierprüfung in offenem Gelände

»Los andares de mi jaca
No los pinta un pintor fino
Los andares de mi jaca
Pero yo los examino
Cuando el agua los retrata
En los charcos del camino.«

So heißt es in einem alten Fandango aus Huelva: »Die Gangarten meines Pferdes / Malt kein guter Maler / Doch ich sehe sie / Wenn sie sich im Wasser spiegeln / In den Pfützen auf den Wegen.«

*D*ie doma vaquera, *die ursprüngliche Reitkunst der Vaqueros, ist von kraftvoller und strenger Schönheit. Sie hat etwas an sich, das an die Gerüche der Sümpfe des Guadalquivir erinnert oder an die Aromen der Waldkräuter der Estremadura und von Salamanca. Ohne den iberischen Stier gäbe es allerdings keine* doma vaquera.

Der Vaquero, der auf seinem Pferd mehr thront als sitzt, kontrolliert täglich die Herden, indem er ihre Weiden abreitet. Er prüft, ob die trächtige Kuh gekalbt hat und welches Geschlecht das Kalb hat, das die wachsame Mutter im Gebüsch versteckt. Er betrachtet die Augen einer Kuh und die Art, wie sie die Ohren hält: Wirkt sie traurig, bedeutet dies, dass eine Krankheit im Anzug ist und man sie von den anderen trennen muss.

Der Vaquero überprüft den Zustand der Stacheldrahtzäune, um tragischen Verlusten vorzubeugen. Er trennt Stiere, die miteinander kämpfen, und untersucht, ob sich in den Augen, die jetzt nach dem Kampf tränen, jener »Schleier« zeigt, der verrät, dass der Stier ein Auge verlieren wird, sodass er für den Stierkampf nicht mehr taugt. Und schließlich wird er die Kälber von den Kühen trennen, wenn der schmerzliche Moment gekommen ist.

Keine andere Rasse kommt dem iberischen Rind an Schönheit gleich. Es ist so schnell wie ein Wildschwein, wendig wie eine Katze und stark wie ein angreifendes Nashorn.

Der schönste Moment des iberischen Stierkults ist die tienta de machos en campo abierto *und gleichzeitig der Höhepunkt der* doma vaquera.

Zwei Männer zu Pferd, die man als collera *bezeichnet, verfolgen ein zweijähriges männliches Rind und bringen es mittels einer langen Stange,* garrocha

Spanien, Andalusien
La Baja
Poner en suerte bedeutet, den Stier dazu zu bringen, sich – ohne seitlich auszubrechen oder die Richtung zu wechseln – in gerader Linie fortzubewegen *(oben links).*

Spanien, Andalusien
La Baja
Ein Augenblick von seltener Schönheit: Wenn der junge Stier – hier ein Tier der Rasse *ensabanada* mit cremefarbenem Fell aus der Zucht von Cebada Gago – munter dem Ruf des Picador folgt *(oben rechts).*

Spanien, Andalusien
La Baja
Bei der Begegnung zwischen Pferd, Reiter und Stier kann sich die *garrocha* biegen. Die besten *garrochas* bestehen aus *majagua*-Holz, doch in letzter Zeit kommen vermehrt auch *garrochas* aus Glasfaser zum Einsatz.

genannt, so aus dem Gleichgewicht, dass es zu Boden geht. Der Stier wälzt sich im Staub und steht anschließend leicht verwirrt wieder auf. Auf diese Weise vergisst er die querencia, das Gefühl für die Herde, und kann nun einer Charakterprüfung, der tienta, unterzogen werden.

Das Gespann der collera besteht aus zwei Reitern, dem amparador, wörtlich »Beschützer«, und dem garrochista. Dieser ist im Prinzip derjenige, der das Rind mithilfe seiner Stange zu Fall bringt. Beide Reiter müssen sich bei ihrer Arbeit genau aufeinander abstimmen. Das scheinbar zweitrangige Ziel des amparador ist in Wirklichkeit der wichtigste Teil der Kooperation: Er sorgt dafür, dass der junge Stier das richtige Tempo einhält, und bringt ihn in eine Position, die der garrochista optimal für seine Zwecke nutzen kann. Er ist es auch, der im Fall, dass sein Partner stürzt, diesen beschützt, indem er den Stier von ihm ablenkt.

Der Erfolg des Unternehmens beruht zur Hälfte auf einer korrekt geführten Verfolgungsjagd. Sie darf nicht zu drängend und schnell sein, damit der Stier nicht zu stark ermüdet, weil er sich sonst in die Enge getrieben fühlen und angreifen würde. Ist die Jagd dagegen zu langsam, gelingt es nicht, das Rind zu Boden zu ringen.

Im richtigen Moment hält man die Pferde zurück und bereitet die Falle vor. Die garrocha, die bis jetzt von der rechten Hand gehalten und auf dem linken Unterarm abgestützt worden war, wird in Angriffsposition gebracht, indem sie der Reiter, der sie immer noch mit der rechten Hand hält, unter seine Achsel klemmt.

Nun treibt man die Pferde verstärkt an. Der amparador reitet links, um den Stier daran zu hindern, seitlich auszubrechen. Gleichzeitig drängt er das Rind leicht schräg nach rechts ab. In diesem Augenblick zielt der garrochista mit seiner Stange auf die palomilla, einer Stelle auf der rechten Flanke des Tiers in Höhe des Schwanzansatzes. Wenn der junge Stier nach hinten ausschlägt und dabei auf den Vorderbeinen steht, schiebt der garrochista nach und gibt seinem Pferd die Sporen. Die lange Stange biegt sich durch den Druck, und wenn alles nach Plan geht, wälzt sich der Stier Bruchteile von Sekunden später am Boden.

Nun wartet man, bis er wieder aufsteht, und setzt das poner en suerte fort.

Poner en suerte gilt als eine der schönsten Lektionen der ländlichen spanischen Reitkunst. Dabei handelt es sich keineswegs um überflüssigen Exhibitionismus, sondern Reiter und Pferd zeigen auf diese Weise das Einverständnis, das zwischen ihnen herrscht, sowie ihre Erfahrung. Sie bringen den Stier dazu, dorthin zu gehen, wo sie ihn haben wollen, ohne in ihm den sentido zu wecken, jenes Gefühl, das ihn eines Tages in der Arena zu einer Gefahr werden lässt.

Es gilt also, ihn in gerader Linie zu führen, ohne zu schnell zu beschleunigen. Man begleitet ihn, lässt

ihn aber denken, dass er es ist, der die Richtung wählt, ohne diese abrupt zu verändern, indem man die Hinterhand des Pferdes vor die Stierhörner stellt. In dieser Phase ruft der garrochista *aus dem Sattel seines Pferdes, das durch die* tenton *genannte Polsterung geschützt ist, mit klangvoller Stimme den jungen Stier und schlägt dabei mit dem Stiefel gegen das Eisen des großen Steigbügels.*

Nun folgt einer der schönsten Augenblicke, den eine tienta de machos en campo abierto *zu bieten hat. In der Entfernung hebt der junge Stier den Kopf und richtet die Ohren auf den unbekannten Feind, plötzlich verunsichert, weil er das Objekt, das ihn reizt, noch gar nicht richtig erkennen kann. Dann geht er voller Entschlossenheit und* alegría *mit erhobenem Schwanz und gesenktem Kopf zum Angriff über. Er wird gegen ein Pferd krachen, das wesentlich größer ist als er selbst und erhält zur Strafe einen Stich mit der Pike in den Widerrist. Der Stich erfolgt rasch und ohne Grausamkeit, doch er muss genügen, um das Tier auf die Probe zu stellen. Der* garrochista *und sein Pferd ziehen sich zurück. Der Züchter, der* ganadero, *erteilt dem jungen Stier eine Note. Daraufhin wird dieser nochmals der* collera de suerte *ausgesetzt. Und nun kann er seine Begabung zeigen.*

Jeder beliebige junge Stier von guter Abstammung ist in der Lage, beim ersten Mal anzugreifen, doch nur die Besten greifen ein zweites Mal an, nachdem sie die Strafe kennen gelernt haben, und von diesen wagen nur jene, die wirklich hervorragend sind, einen dritten Vorstoß. Nur diesen hervorragenden Stieren wird die Ehre zuteil, Kampfstiere zu werden. Die Besten unter den Besten schließlich werden Zuchtstiere und bekommen einen Harem von etwa 50 Kühen zugeteilt, damit ihre Gene nicht verloren gehen. Die Feiglinge dagegen erleiden einen schmachvollen Tod im Schlachthaus.

Das Pferd eines garrochista *braucht nicht schön zu sein. Wichtiger sind moralische und sportliche Qualitäten sowie eine gewisse Routine. Die Arbeitspferde, die man früher dafür verwendete, stammten von sehr ruhigen und unsensiblen Elterntieren ab. Es handelte sich um knochige Gäule mit abfallender Kruppe, die jedoch hart, ausdauernd und ihren Reitern treu ergeben waren. Man bildete sie ohne Hast durch tägliche Arbeit aus und gewöhnte sie daran, durch die Herde zu gehen und sich mit dem Verhalten der Rinder vertraut zu machen.*

Die Pferde, die man heute einsetzt, gehen meist aus Kreuzungen spanischer, arabischer und englischer Rassen hervor. Das ideale Pferd für diesen Zweck wäre das Fohlen einer spanisch-arabischen Stute und eines englischen Vollbluts, das von seinem Vater die Schnelligkeit, Ausdauer und Behendigkeit geerbt hätte, von seinem Großvater mütterlicherseits Intelligenz und Reaktionsvermögen und von seiner spanischen Großmutter den Mut, den guten Charakter und die afición, *die Leidenschaft für den Umgang mit Rindern.*

Spanien, Andalusien
La Baja
Den Punkt am Schwanzansatz, an dem die *garrocha* anzusetzen ist, heißt *palomilla*. Damit das Rind stürzt, attackiert man es gerade dann, wenn es auf seinen Vorderbeinen steht.

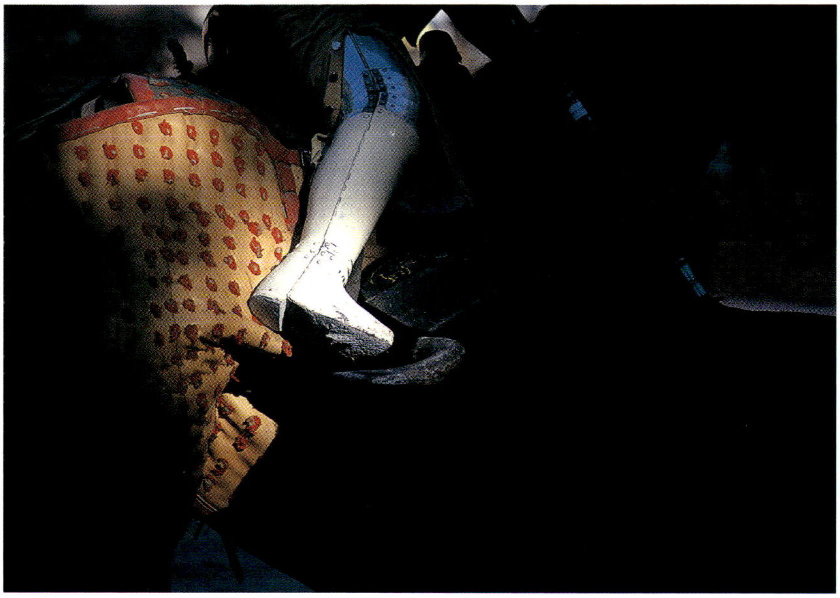

Der Picador – ein Paria der Arenen?

Es gab einmal eine Zeit, in der der Name des Picadors – der im Stierkampf mit der Pike auf den Stier einsticht – auf den Plakaten über den Namen der Toreros prangte, weil seine Taten die der Männer zu Fuß übertrafen. Dann aber fielen die Picadores aufgrund der weiteren Entwicklung des Stierkampfs in Ungnade. Sie bestiegen alte Mähren mit abgewetztem Schweif, wahre Parias der Pferdewelt, die sie sich für einige Stunden aus den Herden, die für die Leimfabrik bestimmt waren, beschafft hatten – alte Pferde, die sich nur noch so lange auf den Beinen halten konnten, bis der Mensch im Sattel seinen Lanzenstich angebracht hatte. Dann stürzten sie mit aufgeschlitztem Bauch zu Boden.

In der Geschichte des Stierkampfs wurden unter Pferden zahllose Blutbäder angerichtet, doch es kam auch immer wieder zu Höhepunkten der Reitkunst. 1858 starben auf der plaza de toros von Madrid 412 Pferde. 1869 tötete der Stier Algareño 19 Pferde. Zu Beginn des 19. Jahrhunderts forderte Luís Corchano aufgrund einer Wette acht bekannte Kampfstiere seiner Zeit heraus, kämpfte auf demselben Pferd gegen alle und gewann 20000 Reales. Trigo aus Sevilla ritt in 21 Corridas dasselbe graue Pferd, das im letzten Kampf starb. Das Publikum, das an die Grausamkeiten gewohnt war, die in dieser Epoche zum Alltag gehörten, und auch an das Blutvergießen auf den Schlachtfeldern, blieb davon vermutlich ungerührt.

Der Picador ist ein »asymmetrischer Reiter«, da seine Beine nicht gleich bekleidet sind und seine Füße in unterschiedlichen Steigbügeln stecken. Das linke Bein wird von einem leichten Eisenpanzer und einer Stiefelette aus dickem Leder geschützt. Nur auf dieser Seite wird ein Sporn getragen. Der linke Steigbügel ähnelt dem eines ländlichen spanischen Reiters. Den rechten Unterschenkel bedeckt eine Metallröhre und der rechte Fuß steckt in einem schweren Steigbügel, der an den Bug eines Schiffes erinnert.

Der Hof der Pferde

Der *patio de caballos* ist einer der verschwiegendsten Winkel der *plaza de toros*. Hier werden die Pferde ausgerüstet und hier steigen die Picadores auf *(oben)*.

Die Welt des Picadors

Der Picador bringt die Klinge der Pike persönlich an dem Griff an *(Seite 144 oben)*.
Er trägt eine Hose aus Wildleder und eine goldbestickte Satinweste *(Seite 144 Mitte)*.
Das rechte Bein des Picadors wird durch eine Röhre geschützt, die »Eisenbein« oder *»gregoriana«* heißt – nach ihrem Erfinder Gregorio Gallo. Mitunter nennt man sie auch einfach die *»mona« (Seite 144 unten; links)*.

Amazonen

Eine Amazone nennt man in Mexiko adelita, *nach den Frauen, die Gefährtinnen der Revolutionäre waren, zu ihren Geliebten wurden, ihre Kinder gebaren, sie versorgten und ihre Gewehre trugen. Sie kämpften an der Seite ihrer Männer und werden noch heute in Revolutionsliedern besungen.*

Die adelitas *von heute treten bei Turnieren auf, die im Rahmen der* charreadas *stattfinden. Das abrupte Bremsmanöver dieser hier abgebildeten* adelita *erlaubt eines der am besten gehüteten Geheimnisse der Reitkunst zu ergründen: die Stellung der Beine einer Amazone. Die Kunstgeschichte bietet uns sehr schöne Beispiele, die uns die Entwicklung der Reitweise der Amazonen zu verfolgen ermöglichen.*

Bei Dürer reitet auf dem Bild Die Dame und der Landsknecht *eine Dame im Seitsitz auf einem Reitstuhl. Ihre Füße ruhen auf einer Fußstütze, deren Höhe mittels eines Riemens eingestellt werden konnte. Eine wunderschöne Königin Isabella besteigt bei Vélasquez einen Schecken und trägt ein sehr langes Reitkleid, das die Beine mit einer wahren Kaskade von Brokatstoff bedeckt, sodass die Füße nicht sichtbar sind.*

Der Damensattel blickt auf eine komplexe Entwicklung zurück. Offenbar begründete Katharina von Medici 1533 die Mode des Sattels für den »Seitsitz«. Im 17. Jahrhundert traten zwei Satteltypen mit Hörnern auf, Vorläufer der besser entwickelten Damensättel. Im Jahre 1902 wurde im Zuge des Erstarkens der feministischen Bewegung in den USA eine Liga gegründet, die sich zum Ziel gesetzt hatte, den Damensattel zu bekämpfen.

Die hohe Reitkunst

Die Dressur, die als kultivierte Reitweise voller Raffinesse verstanden wird, verlangt die völlige Hingabe des Pferdes an seinen Reiter sowie dessen nahezu unmerklichen Einsatz von Händen und Beinen. Eine gut gerittene Dressur bedeutet den ultimativen Grad an Eleganz, was die Bewegungen des Pferdes anbetrifft, das sich im Idealfall so biegsam und symmetrisch gibt, dass es schon wieder unnatürlich wirkt.

In Wirklichkeit sind die künstlich erscheinenden Lektionen der barocken Reitweise, die Piaffe, der Terre à terre, die Levade, der Spanische Schritt oder die Passage, ebenso wie die gebogenen, schwellenden Hälse und geweiteten Nüstern natürliche Bewegungsabläufe und Reaktionen von Hengsten, wenn sie einander bei Rang- und Revierkämpfen gegenüberstehen. Der Mensch, der einen Hengst im höchsten Ausdruck von dessen Männlichkeit reitet, eignet sich die Männlichkeit des Tiers an.

Allerdings besteht natürlich der Widerspruch aus der Sicht des Pferdes darin, dass man die Verhaltensweisen höchster Männlichkeit auch kastrierten und weiblichen Tieren anerzieht.

Bevor die Barock- und die neapolitanische Reitweise aufkamen, war es unmöglich gewesen, Pferde auf diese Weise zu reiten, weil die Gebisse, die es bis dahin gegeben hatte, einen derart raffinierten Dialog zwischen Pferd und Reiter nicht gestatteten.

In der griechisch-römischen Antike war die Dressur gleichbedeutend mit tanzenden Pferden, die man bei einer Art von Zirkusvorführung vorstellte, um die Gäste bei großen Feierlichkeiten und Banketten zu unterhalten. Es heißt, die

Spanien
Cortijo de Vicos, Yeguada Militar
Zwei spanische Vollblutstuten eines Gestüts der Armee wurden hier bei einer sehr intimen Verrichtung überrascht, der sozialen Fellpflege. Diese Intimität lässt auf vielschichtige soziale Bindungen schließen.
Das spanische Pferd war an der Entwicklung der spanischen Reitkunst maßgeblich beteiligt, die zu Recht der Spanischen Hofreitschule in Wien ihren Namen geliehen hat.

Sybariten amüsierten sich beim Tanz der Pferde so vorzüglich, dass die Einwohner von Kroton, gegen die sie Krieg führten, Flöten- und Tamburinspieler auf das Schlachtfeld kommen ließen. Als sie die vertraute Musik hörten, glaubten die Pferde bei einem Bankett zu sein, fingen an zu tanzen und warfen ihre Reiter ab.

Tanzende Pferde gibt es auch heute noch in Indien, Ägypten und Indonesien, und man kann sie für Hochzeiten und andere Familienfeste mieten.Sie führen zur Begleitung von Flöten und Tamburinen schwierige, bizarre Figuren aus. In Wirklichkeit aber ist es die Musik, die den Bewegungen der Pferde folgt, und nicht umgekehrt, sodass der Tanz im Grunde einer Illusion unterliegt.

Überall hat immer neben einer Form des ländlichen Reitens oder der Jagdreiterei, die volkstümlich und praxisbezogen ist, eine kultivierte, aristokratische und formelle Reitkunst bestanden – die Reitkunst der Höfe und Reithallen. Es heißt, dass es in Neapel, vielleicht aufgrund der Verbindungen zu Konstantinopel, bereits im 12. Jahrhundert Reithallen gab; möglicherweise kannte man auch schon Reitschulen unter der Leitung byzantinischer Lehrmeister. Doch erst der Neapolitaner Federigo Grisone begründete 1532 die erste richtige Reitschule und veröffentlichte 1550 die ersten Regeln in seinem viel beachteten Werk *Gli Ordini di Cavalcare*. Diese bilden gewissermaßen auch heute noch die Grundlagen für die Schulreiterei. Um eine Vorstellung von der Bedeutung Neapels in der Reitkultur dieser Epoche zu vermitteln, genügt vielleicht der Hinweis darauf, dass Elisabeth I. von England, als sie ihre Pferdeställe modernisieren wollte, den Neapolitaner Prospero d'Osma kommen ließ.

Allerdings war die Reitweise der neapolitanischen Epoche sehr hart und wurde zunächst für schwerfällige Pferde mit wenig gefestigtem Charakter entwickelt, mit der Zeit aber verfeinert. Dies ist Salomon La Broue und Antoine de Pluvinel zu verdanken. Letzterer hatte in Neapel studiert und 1629 mit *L'Instruction du Roy en l'Exercise de Monter à Cheval* eines der einflussreichsten Bücher des 17. Jahrhunderts verfasst. Weitere wichtige Beiträge leisteten der Herzog von Newcastle in Großbritannien und schließlich François Robichon de La Guérinière, der Vater der Reitkunst, der in der ersten Hälfte des 18. Jahrhunderts auf den Lehren seiner Vorgänger aufbaute. Die großen Reitschulen der Welt, darunter vor allem die 1572 gegründete Spanische Hofreitschule in Wien, folgen noch heute seinen Prinzipien.

Meiner Meinung nach verbindet die *torera*-Reitweise die praktische Seite der Gebrauchsreiterei, deren Höhepunkt sie darstellt, mit den Elementen der hohen Reitkunst, die dank des Stierkampfs zu Pferde die Reithallen verlassen konnte und im Kampf mit dem wilden Tier eine angemessene Umsetzung fand.

Indien, Rajasthan

Dieses gelungene Zusammenspiel von Pferd, Mensch und Abendlicht, das auf einem Viehmarkt in Rajasthan eingefangen wurde, zeigt das natürliche Gleichgewicht der hohen Reitkunst in seiner Vollendung *(Seite 149)*. Vielleicht lehnt sich der Reiter ja eine Idee zu weit zurück, doch gilt dies bei der indischen Reitweise als korrekt, auch wenn der Reiter, wie in diesem Fall, auf Steigbügel verzichtet.

Haltung und Anatomie

Portugal
Sorraiapferd.

Bei einem Pferd, das sich frei bewegt, kann man die natürliche Eleganz der Bewegungen in ihrer ganzen Vollkommenheit bewundern.
Unter den verschiedenen Gangarten ist der Trab, der oft als für den Reiter unbequem bezeichnet wird, diejenige, die das athletische Wesen eines Pferdes am ausdrucksvollsten offenbart.
Die auf dieser Doppelseite zu sehenden Aufnahmen von Pferden verschiedener Rassen verdeutlichen den Zusammenhang zwischen der Stellung der Schulter und der Bewegung des Vorderbeins. Je schräger die Schulter, desto raumgreifender fällt die Bewegung aus. Je steiler die Schulter hingegen steht, desto höher tritt das Pferd.
Reisende, die im 19. Jahrhundert die arabische Welt besuchten, stimmten darin überein, dass die Araberpferde, wenn sie angebunden oder auf der Weide standen, recht unauffällig, ja beinahe elend wirkten. Sah man sie allerdings in Bewegung, versetzte einen der Unterschied in Erstaunen und man konnte nicht anders, als sie zu bewundern.
Ein westlicher Experte für Araberpferde wird von der Art und Weise, in der das Beduinenpferd seinen Schweif hält – nämlich ähnlich wie ein Skorpion seinen Giftstachel biegt – nicht viel halten. Den Beduinen dagegen gefällt es. Sie setzen sich gerne so auf das Pferd, dass sie dessen Schweif in ihrem Rücken spüren.

Syrien
Beduinenpferd *(oben).*

Portugal
Pferd der Rasse Alter Real *(links).*

Die tanzenden Pferde des Punjab

Die Tiere bewegen sich zum altertümlichen, hypnotisierenden Klang der Trommeln, in die sich die hohen Stimmen der Flöten mischen. Das scharfe Gebiss bewirkt, dass sie am Maul schäumen.
Es sind hochblütige Pferde mit geblähten Nüstern und hervortretenden Adern unter dem seidigen Fell. Sie sind mit Gold, Silber und Schmuck behängt wie indische Tempeltänzerinnen auf einem Gemälde, das den Prunk des Orients gewollt übertreibt.
Unter den erfahrenen harten Händen der Ausbilder, die wie strenge Väter an ihrer Seite gehen und die Gebissringe halten, vibrieren sie wie die Saiten eines Instruments.
Die tanzenden Pferde winden sich wie verwundete Schlangen, springen wie ungeduldige Kängurus auf der Hinterhand, spreizen mit Glöckchen überladene Beine vor, hechten blitzschnell zur Seite, als hätten sie eine drohende Kobra gesehen, beugen sich herab, bis sie mit dem Bauch den Boden berühren und klopfen im Takt der Musik mit den Hufen auf den Boden. Die Besten unter ihnen kennen bis zu sechs unterschiedliche Schrittfolgen.
Tanzende Pferde treten gegen hohe Gagen bei Hochzeiten und anderen Festen auf und werden mit Honig und Butter, Hirsekuchen und anderen orientalischen Köstlichkeiten gefüttert.

JEREZ DE LA FRONTERA – *REAL ESCUELA ANDALUZA DEL ARTE ECUESTRE*

Die Schule, die sich auf die Grundlagen der französischen Reitweise beruft, veranstaltet eine Schauvorführung mit dem Titel »Así Bailan los Caballos Andaluces«*, bei der die barocke Eleganz der andalusischen Pferde ausgezeichnet zur Geltung kommt. So wie vor nicht langer Zeit englische und arabische Vollblutpferde in verschiedene Rassen eingekreuzt wurden, weil man grundsätzlich davon ausging, dass sie diese verbessern würden, veredelte man im 17. und 18. Jahrhundert zahlreiche europäische Pferderassen durch spanische Blutlinien. Erst in den 1960er Jahren wurde der Begriff »andalusisch« durch die korrektere, aber doch bürokratisch klingende Formulierung »spanisches Vollblut« ersetzt.*

Chantilly – *Musée Vivant du Cheval*

Louis-Henri de Bourbon, siebter Prinz von Condé, gelang es, seine Leidenschaft für Pferde und seinen Größenwahn miteinander in Einklang zu bringen und dadurch etwas Großes zu schaffen.
Der Prinz glaubte an die Wiedergeburt und war davon überzeugt, als Pferd ins Leben zurückzukehren. Für dieses Leben nach dem Tode ließ er Stallungen bauen, die so prachtvoll wie ein Palast sein sollten. So errichtete man in Chantilly zwischen 1719 und 1740 nach den Plänen des Architekten Jean Aubert einen Gebäudekomplex, der zum großartigsten und gleichzeitig verrücktesten Monument wurde, das man dem Pferd und der Jagd jemals widmete. In den zur damaligen Zeit üblichen Ständern fanden bis zu 240 Pferde und 500 Jagdhunde Platz.
Der Komplex besteht aus zwei 186 Meter langen Schiffen und einer Kuppel von 28 Meter Durchmesser. Am barocken Kaskadenbrunnen darunter tränkte man früher die Pferde.
Weil während der Revolution die französische Armee in den Ställen einquartiert war, wurden sie in dieser Zeit nicht zerstört. Außer den Hunden und Pferden für die Jagd auf Hirsch und Wildschwein wurden hier nacheinander die 29. Gendarmeriekompanie, das 11. Regiment berittener Jäger, die 55 Pferde und 1900 Mann der Garde impériale *(Kaiserlichen Garde) sowie das 1. Regiment Polnischer Lanzer der Garde untergebracht. Im Ersten Weltkrieg nahmen die Gebäude die deutsche Kavallerie auf, im Zweiten Weltkrieg dienten sie als Gefängnis.*
Die Anlage befindet sich mittlerweile im Besitz des Institut de France, nachdem es der Herzog von Aumale, Eroberer Algeriens und Sieger über Abd el-Kader, der lange Zeit in Chantilly dem Jagdvergnügen nachging, abgetreten hatte. 1982 gründete der französische Kunstreitlehrer Yves Bienaimé in den Stallungen von Chantilly das Musée Vivant du Cheval, *das »lebendige Pferdemuseum«.*

Paris – Garde républicaine

Reiterliches Niveau und Vielseitigkeit machen die Vorstellung, die die Republikanische Garde im Pariser Quartier des Célestins präsentiert, zu einer sehenswerten Veranstaltung. Dabei ist der Auftritt von vier Tandemgespannen, bei denen jeder Reiter auf dem hinteren Pferd sitzt und am Langzügel das vordere Pferd lenkt, weltweit vermutlich einzigartig.
In dem Teil, der der Maison du Roy gewidmet ist, führen zwölf Reiter in Uniformen der Gendarmen des Königs aus der Zeit Ludwigs XIV. Lektionen vor, die aus den Lehren des Franzosen François Robichon de la Guérinière stammen, dessen Buch École de cavalerie *noch heute als Bibel der Reitkunst gilt. Die Darbietung wird mit Stücken von Lully, des Marquis de Dampierre und von Händel musikalisch untermalt. Die Reiter der Maison du Roy wurden wegen ihrer Tapferkeit und ihrer reiterlichen Begabung ausgewählt und mit »Maître« angesprochen. Bei der Schlacht von Fontenoy am 11. Mai 1745 wurde der Kavallerie der Maison du Roy, nachdem die Engländer als Erste geschossen hatten, der folgende Befehl erteilt: »Meine Herren Maîtres, befestigen Sie Ihre Hüte, wir haben nun die Ehre, anzugreifen.«*

Frankreich, Boulbon
Der *rejoneador* Gerald Pellen trainiert sein Pferd mit dem *carreton.*

STIERKAMPF

»Si caemos mi caballo y yo, levantad primero mi caballo.«
(Wenn wir stürzen, mein Pferd und ich, so helft zuerst meinem Pferd auf die Beine.)
Philipp IV. von Spanien

In früherer Zeit jagten Männer zu Fuß und mitunter vielleicht auch zu Pferde die wilden Stiere der Iberischen Halbinsel, trieben sie über Land bis zu ihren Siedlungen, wo sie sie schließlich mit Lanzen- und Dolchstichen erlegten – meist jedoch nicht, ohne dass eine Anzahl Menschen durch die Hörner der wütenden Tiere zu Tode kam oder schwere Verletzungen erlitt. Das Ganze endete mit einem Festessen, bei dem es Stierfleisch in Hülle und Fülle gab.
Wie man weiß, versteht es der Adel, sich die unnützesten und unterhaltsamsten Tätigkeiten anzueignen – zum Beispiel jene, die darin bestehen, zum Zeitvertreib und nicht aus Not zu töten. Und so kam es, dass man, wann immer man auf dieser Halbinsel gerade nicht gegen die Mauren kämpfte, sich damit die Zeit vertrieb, Stiere mit einem einzigen Lanzenstich zu durchbohren. Dabei saß der Reiter in einer mit Federn geschmückten Rüstung nach Art der alten Turniere auf seinem stehenden Pferd und wartete auf den Stier.
Pedro Ponce de León, Diego Ramírez de Haro, Luis de Trexo, die Herrscher Karl Philipp I., Philipp III., Philipp IV., der Konquistador Cortés gehörten zu den berühmtesten Reitern, die auf spanischen und lateinamerikanischen Plätzen ihre Künste als Stierkämpfer unter Beweis stellten.
Als im 17. Jahrhundert der rejón*, ein kurzer und leichter Speer, die Lanze ersetzte, ging man zur* torera*-Reitweise über. Seitdem wartet man nicht mehr auf den Stier, sondern tritt ihm mutig entgegen.*
Die frankophilen und daher in den Augen der Spanier verweichlichten Könige von Bourbon verboten den jungen Höflingen, sich den Stierhörnern darzubieten, anstatt das eigene Leben auf dem Schlachtfeld zu opfern. Zwischen 1775 und 1923 sprach man schließlich in Spanien gar nicht mehr über den Stierkampf zu Pferde.
Im Laufe des 19. Jahrhunderts traten nur einige verwegene Männer gelegentlich einem Stier entgegen, sei es, um historische Kämpfe zu rekonstruieren oder auch nur, um ihre Reitkünste zur Schau zu stellen. Darunter waren José Daza de Huelva, der Mexikaner Ponciano Diaz, der die jeweils in einer Hand zu tragenden zwei banderillas *erfand, sowie José Bayard Cortés, genannt El Badila, der zur Hälfte Franzose, zur Hälfte Spanier war.*
Erst in den 1920er Jahren verhalf Antonio Cañero der torera *in Spanien zu ihrer Renaissance. Er wurde Ende des 19. Jahrhunderts in Córdoba geboren und stellte als Kavallerieoffizier, Reitlehrer und Sohn eines Reitlehrers den Stierkampf zu Pferd, der damals nur heimlich in den Zuchtbetrieben stattfand, dem Publikum der* plazas de toros *vor.*
Cañero war zweifellos ein großartiger Reiter. Er ritt Pferde wie durch Zauberkraft, mit ungewöhnlicher Empfindsamkeit der Hände und Beine, und zögerte nicht abzusteigen, um den Stier zu töten.
Natürlich wurde er auch viel kritisiert. Den einen gefiel sein Aufzug nicht, der den Stieren so vertraut war, dass sie neugierig und ohne jegliche Angriffslust auf ihn zugingen, weil sie ihn für einen Vaquero

des Zuchtbetriebs hielten. Andere bemängelten die extrem scharfen Gebisse, die er verwendete. Sein Kampf war rasch und grausam gegen große, zähe Stiere und er verwendete Pferde mit gestutztem Schweif, die erstmalig eingesetzt wurden, aber willig und mutig waren.
Von 1923 bis 1935 errang er in Spanien, Portugal, Frankreich und Südamerika eine Reihe sensationeller Siege. Cañeros einziger Rivale um die Gunst der aficionados, der Liebhaber solcher Kämpfe, war Bordo (eine Verballhornung der Stadt Bordeaux), die braune jaca, die er in der Arena ritt. Die Stute verhielt sich so außergewöhnlich, dass man im Publikum munkelte, Cañero wäre ohne Bordo nie der großartige Stierkämpfer gewesen, als der er galt.
In einem Anflug iberischen Stolzes verlegte sich Cañero, der sicher auch ein bisschen eifersüchtig auf seine Stute war, darauf, bei den Kämpfen Pferde zu reiten, die noch nie zuvor in einer Corrida geritten worden waren, oder aber magere Picador-Pferde, die ohne einen Kratzer die Arena wieder verlassen konnten und darüber zweifellos selbst äußerst erstaunt gewesen sein dürften.
Was Bordo betraf, so wurde sie insgesamt achtmal von den Hörnern verletzt, aber ihr Mut und ihre Kraft waren so groß, dass sie dem Stier auch mit offenen Wunden entgegentrat. Cañero nutzte dies mehr als einmal aus und kämpfte im Laufe eines Nachmittags gegen mehrere Stiere.
Der berühmte Torero Guerrita bewunderte Bordo so sehr, dass er Cañero wiederholt bat, sie nicht mehr im Kampf zu reiten und sie nur noch für den paseo bei der Eröffnung der Veranstaltung einzusetzen. Bordo starb in Lissabon einen ruhmlosen Tod infolge eines schlecht dosierten Abführmittels.
Cañero ritt in der Corrida noch andere Pferde wie La Tordilla, die über den sterbenden Stier wie über einen banalen Oxer sprang, doch keines wurde je so berühmt wie Bordo.
Es gibt auch eine portugiesische Schule der torera-Reitweise. Die Lusitaner beugten sich nicht der päpstlichen Bulle von Pius V., der 1565 das Spiel mit den Stieren bannte, weil dabei zu viel Christenblut vergossen wurde. Sie umgingen das päpstliche Verbot, indem sie feste Lederfutterale über die Stierhörner zogen und ritterlich darauf verzichteten, den Stier in der Arena zu töten.
Portugal erlebte nie eine Revolution der Stierkampfkunst und die reiterliche Tradition wurde ohne Unterbrechungen weiter überliefert. Während der spanische Torero ländliche Kleidung bevorzugt, kleidet sich der portugiesische Stierkämpfer nach der Mode der Zeit Ludwigs XV. in einen Frack aus bestickter Seide mit Spitzeneinsätzen an Kragen und Manschetten. Dazu trägt er einen Dreispitz mit Feder und eine Wildlederhose.
Die portugiesischen plaças de touros sind kleiner, sodass die Pferde weniger ermüden. Der Sattel ist so gestaltet, dass er einen besseren Kontakt zwischen Beinen und Pferd zulässt als bei der spanischen Variante. Die portugiesische Form des Stierkampfs ist klar und anmutig und beruht auf Geschlicklichkeit und Beherrschung, Finten und Richtungswechseln, vor allem aber auf der äußerst strengen Beachtung von Technik und Form. Diese Strenge wird von dem fachmännischen Publikum geschätzt, das die Qualitäten des Reiters durchaus beurteilen kann.
Hierbei geht es um die althergebrachte Art, dem Stier mit dem Pferd entgegenzutreten. Es ist die Art des Adels, die im Laufe von vier Jahrhunderten

Frankreich, Boulbon
Training während der Ausbildung des Pferdes mit dem gutmütigen Übungsstier.

sehr verfeinert wurde. Beim portugiesischen Stierkampf werden weniger schwere Eisen eingesetzt wie bei der spanischen Form. Der Stier verliert weniger Blut und verlässt die Arena lebend. Männer ohne Pferde, die forcados, *halten ihn auf, indem sie ihn bei den Hörnern packen. Am Ende muss er dann doch meist sein Leben lassen, doch geschieht dies hinter den Kulissen.*

Am 29. Mai 1927 traten bei einer Wohltätigkeits-Corrida zugunsten des Roten Kreuzes Antonio Cañero und der große portugiesische Reiter Simaõ da Veiga gemeinsam auf und feierten einen triumphalen Erfolg. Aus dieser Begegnung zweier derart verschiedener Reitweisen entstand der moderne iberische rejoneo *(Stierkampf zu Pferd).*

Ein gutes rejoneo-*Pferd muss viele Qualitäten besitzen. Im Idealfall zeigt es eine stolze Haltung, ja sogar eine gewisse Arroganz. Es muss flink und kraftvoll laufen, entschlossen handeln, wendig sein, um den Stier zu schlagen, und gehorsam, um die Befehle des Reiters auszuführen. Es muss stoisch die Angriffe der Hörner ertragen und danach trotzdem wieder bereit sein, dem Stier entgegenzutreten.*

Die Rasse spielt an sich keine Rolle. Cañero ritt jedes Pferd, das vier Beine und zwei Ohren besaß. In der Kolonialzeit verwendete man in Mosambik bei Stierkämpfen Pferde, die man sich bei der Nationalgarde ausgeliehen hatte. Und so sah man bereits Berberpferde, englische Vollblüter, Quarter Horses, mit Camarguepferden gekreuzte französische Traber, Pasos Peruanos, natürlich spanische und vor allem lusitanische Vollblüter in den Arenen.

Nach dem Einreiten beginnt die eigentliche Ausbildung. Dabei verwendet man ein seltsames Gerät, das durch die leidenschaftliche Liebe eines Stiers zu einem Fahrrad entstanden sein könnte, carreton *genannt – oder bei den Portugiesen* tourinha, *Türmchen. Mit diesem Gerät trainiert man das Pferd tagtäglich zuerst im Schritt und dann in immer schnelleren Gangarten darauf, sich auf den Stier zuzubewegen, damit der Reiter ihm die* rejones *und die* banderillas *aufstecken kann.*

Im Anschluss an dieses Training muss das Pferd an die Gegenwart des leibhaftigen Stiers und an seinen strengen, Furcht erregenden Geruch gewöhnt werden. Dazu benötigt man einen manso, *einen kolossalen Stier von wildem Aussehen, aber gutmütigem Wesen, der die Hörner eher gelangweilt senkt und wenig überzeugende Angriffe andeutet.*

Diese Übungen führt man auch mit einem erfahrenen Stierkampfpferd durch, dessen Selbstbewusstsein unter nervenzermürbenden Begegnungen und schlechten Erfahrungen gelitten hat. Auf diese Weise gewöhnten auch schon die römischen Soldaten der Antike ihre Pferde an die Anwesenheit und den Geruch von Kamelen und Elefanten.

In der letzten Ausbildungsphase erweist sich, ob man es nun wirklich mit einem vierbeinigen Stierkämpfer zu tun hat. Sie besteht darin, zusammen mit dem Pferd einer Kampfkuh entgegenzutreten. Obwohl klein und mager, greifen diese heftig an. Seltsamerweise kommt es vor, dass ein Pferd, dessen Kampfgeist von diesen Kühen nicht geweckt wurde, trotzdem zu einem guten Toreropferd wird.

Álvaro Domeq y Diez sagte über seine Stute Espléndida: »Ich habe mit Espléndida angefangen und ich habe mit ihr aufgehört. Sie war von großer Schönheit und konnte sich in den Stier einfühlen. Sie war eine richtige torera. *Oft war sie es, die dank ihres Einfühlungsvermögens meine Fehler berichtigte, denn sie wusste über den* rejoneo *mehr, als wir jemals darüber schreiben werden.« Zehn der elf Fohlen von Espléndida wurden Toreropferde.*

Die spanische Corrida zu Pferde wird wie der Stierkampf zu Fuß in drei tercios *aufgeteilt, die aufeinander aufbauen und in der Tötung des Stiers gipfeln. Inzwischen ist es üblich, dass bei jedem* tercio *ein eigens dafür ausgebildetes Pferd geritten wird. Die Regeln verlangen, dass sich der Reiter auf der* plaza *mit der Anzahl der Pferde vorstellt, die er einsetzen will, sowie einem zusätzlichen Pferd.*

So wie der Torero zu Fuß mit einer auffälligen capa de paseo *Einzug in die Arena hält, präsentiert sich der berittene Torero mit einem schönen, mit Schlei-*

fen verzierten spanischen oder lusitanischen Vollblut, das mit routinierter Grazie Figuren der Hohen Schule ausführt.

Im ersten tercio, *der dem des* Picador *im* toreo *ohne Pferd entspricht, tritt man einem Stier entgegen, der ganz im Vollbesitz seiner Kraft und Wut ist. Man setzt ihm höchstens drei* rejones de castigo, *18 Zentimeter lange, birnenförmige Klingen, deren Zweck es ist, das Tier zu schwächen. Das Pferd muss stark, schnell und ausdauernd sein, denn der Stier ist unglaublich flink und wendig wie eine Katze. Man wählt also eines, in dem viel englisches Vollblut steckt.*

Beim zweiten tercio *setzt man mehrere* banderillas *nach verschiedenen Methoden, deren Auswahl sich nach möglichen Fehlern des Stiers bei seinen Angriffen richten. Diese Angriffe sind überlegter, was sie besonders gefährlich macht. Hierzu braucht man ein flinkes, kräftiges Pferd, das ausgeglichen und mutig ist und Entfernungen gut einschätzen kann.*

Im dritten tercio, *das der Arbeit der* muleta *im Stierkampf ohne Pferd entspricht, bereitet man den Stier auf die Opferung vor. Jetzt werden kurze* banderillas *gesetzt, die eigentlich auf einer Harpune befestigte Papierrosen sind. Der Torero beweist durch verschiedene Kunststücke, Mutproben und Lektionen der klassischen Reitkunst seine Geschicklichkeit. In diesem Abschnitt reitet man sein bestes Pferd, jenes, auf das man sich wirklich verlassen kann. Es muss mit Leib und Seele ein Torero und dazu trittsicher, behende und kraftvoll sein.*

Für das eigentliche Töten kann man ein viertes Pferd benutzen. Dieses muss mutig und kaltblütig sein, damit es beim Angriff des Stiers ruhig bis zur letzten Sekunde wartet und der Reiter den rejón de muerte *senkrecht, aber leicht schräg von vorn zwischen die Schulterblätter in den Stier stechen kann.*

Nicht selten sieht man heute außerhalb von Portugal lusitanische Reiter nach spanischer Art den Stier bekämpfen – und töten. Andererseits treten auch spanische Reiter in Stierkämpfen »nach portugiesischer Art« auf.

Ebenso wie der Torero zu Fuß muss auch der Torero zu Pferde bestimmte moralische und technische Regeln beachten – an die er sich aber dann doch nicht immer hält. Die wichtigste ist auch die am häufigsten verletzte: Sie besagt, dass sich der Stier bei seinem Zusammentreffen mit dem Reiter auf Steigbügelhöhe befinden muss. Das geht natürlich nur, wenn sich der Stier an die Regeln hält, was natürlich auch nicht immer der Fall ist, denn jeder Stier hat seinen eigenen Kopf, seine ganz persönliche Kampftechnik und seine besonderen körperlichen Eigenschaften.

Das Verhältnis zwischen Reiter und Pferd schließlich beschreibt am treffendsten ein spanisches Gedicht: »Mi caballo y yo, al jugar con la muerte nos hicimos amigos.« *(Beim Spiel mit dem Tod sind mein Pferd und ich Freunde geworden.)*

Frankreich, Arles
Lusitanischer Reiter bei einer Corrida nach spanischer Art *(oben).*

Spanien, Andalusien
Ein spanischer Reiter im *traje corto,* dem typischen kurzen Anzug der Stierkämpfer, trainiert sein Pferd *(Seiten 162–163).*

FESTE & MÄRKTE

FESTE

Spanien, Menorca
Ciudadela
Fest von San Juan *(Seiten 164–165).*

Italien, Sardinien
Ardia von Pozzomaggiore *(oben).*

Italien, Sardinien
Karneval von Santu Lussurgiu
(Seite 167).

An Feiertagen sticht der Mensch zu Pferde in besonderem Maße hervor, wenn er einem Riesen gleich die Menge der Fußgänger überragt und sich auf diese Weise selbst zum lebenden Reiterstandbild erhebt.

Prachtvoll muss auch die Kleidung sein. Man verwendet edles Leder, kostbare Stoffe wie Seide und Brokat und spart nicht an Federn und üppiger Goldverzierung. Auf Reiterfesten feiert man schließlich die historische Begegnung zwischen Mensch und Pferd, die Überlegenheit des Reiters über den Fußgänger, den Wohlstand des Reiters und nicht zuletzt seine Noblesse, die er dem Pferd verdankt und nicht umgekehrt.

Das Reitpferd wird zum Symbol von Macht, Männlichkeit, Schönheit, Kraft und Eleganz. Und der Mensch, der von oben auf seinesgleichen herabblickt, fühlt sich emporgehoben – zur Geltung gebracht. Nicht zufällig belehrt uns in diesem Zusammenhang ein argentinisches Sprichwort: »Ein Mann zu Fuß ist nur halb so viel wert wie ein Gaucho.«

Die Reiterfeste – an sich schon erstaunlich zahlreich und vielfältig – sind überdies reich an symbolischen Anspielungen auf Fruchtbarkeit, Opferung, alte religiöse Bräuche, die zu christlichen Bräuchen umfunktioniert wurden, auf Kampfstrategien und die Ausbildung der Krieger.

Bei solchen Festen kann neben dem Menschen das Pferd im Mittelpunkt stehen und durch seine Anwesenheit den Reiter aus der Menge herausheben und noch vornehmer erscheinen lassen. Der reitende Held trägt die prachtvollsten Kleider, die eigens angefertigt wurden, um das Publikum in Erstaunen, Bewunderung oder Schrecken zu versetzen.
Auch den Pferden werden die schönsten Zäumungen angelegt, es sei denn, ihre Besitzer sind arm und müssen sich darauf beschränken, die Tiere mit Stoffen, Blumen und Girlanden zu schmücken. Ein an der Kleidung des Reiters befestigtes, reich besticktes Tuch oder ein bunter Stoffstreifen am Kopfzaum können schon genügen, um Pracht und Luxus zumindest vorzugaukeln.

Italien, Sardinien
Ardia von Pozzomaggiore *(oben).*

Galicien
Rapas das bestas (Seite 169).

Es erstaunt natürlich nicht weiter, dass bei den Festen der Reitervölker Pferde immer mit von der Partie sind. Ob Hochzeit oder Bestattung, Freude oder Trauer – alles wird im Sattel erlebt. Dagegen überrascht die Gegenwart von Pferden durchaus bei Völkern, für die das Tier in wirtschaftlicher Hinsicht eher unbedeutend war oder die es nur als Teil einer lange zurückliegenden Vergangenheit betrachten. Doch selbst diese lange zurückliegende Vergangenheit kann eines Tages wieder lebendig werden.
In den letzten Jahren wurden wir Zeugen eines Phänomens, das überall auf der Welt zu beobachten war. Nach einer allgemeinen Krise, die durch die Einführung und Verbreitung von Motorfahrzeugen ausgelöst wurde, durch den Ausbau des Straßennetzes, aber auch durch große Epidemien, die zum Beispiel in den 1960er Jahren in vielen Ländern den Pferdebestand lichteten, erleben wir heute eine Art Renaissance des Pferdes, die nicht allein auf Europa beschränkt bleibt. Von der Knechtschaft harter täglicher Arbeit befreit, wurde das Pferd wieder zum Symbol eines Prestiges, das demjenigen zuteil wird, der dieses Tier besitzt und es zu nutzen versteht.

SARDINIEN – *SARTIGLIA*

Von allen italienischen Provinzen besitzt Sardinien die bedeutendste reiterliche Tradition. Sogar die Toskana kann es darin nicht mit der großen Mittelmeerinsel aufnehmen.
Der Karneval von Oristano ist das bekannteste und farbenprächtigste sardische Reiterspiel, das zwei Tage lang gefeiert wird und mindestens auf das Jahr 1500 zurückgeht.
Alljährlich nehmen über hundert Reiter mit geheimnisvollen weißen Masken an diesem Wettstreit teil, der den alten Namen sa sartiglia *trägt. Dieser Begriff soll vom spanischen Wort* sortija, *Ring, abgeleitet sein und bezieht sich auf das Reiterspiel, das eine Art Ringstechen darstellt. Dabei muss man in vollem Galopp auf einen aufgehängten Ring zupreschen und diesen mit dem Schwert aufspießen. Es handelt sich dabei um eine sehr alte Form des reiterlichen Geschicklichkeitsspiels.*
In Oristano ersetzte man den Ring durch einen silbernen Stern mit einem Loch in der Mitte. Angeregt von älteren Formen des adeligen Ritterturniers entwickelten die christlichen Zünfte gegen Ende des Mittelalters diesen atemberaubenden Wettbewerb, bei dem die besten Reiter der Insel antreten.

Der Kapitän der sartiglia *wird* su componidori *genannt und von zwei Oberleutnants flankiert. Sobald er seine spezielle Maske aufgesetzt hat und von zwei ebenfalls kostümierten Frauen öffentlich in seine Tracht gekleidet worden ist, gehört* su componidori *nicht mehr zu den normalen Sterblichen, sondern verwandelt sich in einen Heroen, einen Halbgott, der nun zwischen Himmel und Erde verbleiben muss und vor dem Ende der* sartiglia *keinen Fuß mehr auf den Boden setzen darf.*
Von der Tribüne aus, auf der sich seine Wandlung vollzieht, springt er in den Sattel – und schon der harmloseste Sturz vom Pferd würde als erniedrigendes Missgeschick betrachtet werden.
Begleitet von seinen Oberleutnants wählt su componidori *die Reiter aus, denen die Ehre zukommen wird, nach dem Stern zu stechen. Dabei gilt es, ein komplexes Geflecht aus Freundschaften und Allianzen zu berücksichtigen. Außerdem eröffnet und beschließt* su componidori *das Fest.*
Im Anschluss an die sartiglia *finden die Vorführungen der* pariglie *statt, die auf eine Zeit zurückgehen, in der der Adel und die Zünfte ihr Turnier abhielten und das einfache Volk, das außerhalb der inzwischen abgetragenen Stadtmauern lebte, seine Reitkünste ebenfalls unter Beweis stellen wollte. Die* pariglie, *die aus einzelnen Gruppen zu mehreren Reitern bestehen, führen im starken Galopp akrobatische Übungen der Voltigierkunst vor.*
Heutzutage treten die Reiter, die bei der sartiglia *den Stern errungen haben, bei den* pariglie *an. Ihre Kostüme gehen auf eine Zeit zurück, in der sich die aus verschiedenen Regionen Sardiniens stammenden Reiter in ihren heimatlichen Trachten zeigten.*
Im Laufe der Jahre hat der übermütige Karnevalscharakter der sartiglia *mit dem dazugehörigen Zug an grotesk verkleideten Menschen, mit seinen Scherzen und verwegenen reiterlichen Kunststücken einen großen Teil seiner früheren Lebendigkeit eingebüßt und ist nun eine wesentlich ernstere und feierlichere Angelegenheit.*

SPANIEN, GALICIEN
RAPAS DAS BESTAS

Wenn man oben auf der Mauer steht und hinabschaut, erinnern die wogenden Rücken und Köpfe der Pferde an Karpfen in einem Teich, aus dem das Wasser abgelassen wird: 200 bis 300 Pferde, aus den Bergen geholt und ihrer Freiheit beraubt, sind auf engstem Raum zusammengepfercht.
Die Hengste, die die zu große Nähe von Rivalen nicht ertragen, beißen und schlagen um sich, wiehern nervös, nutzen aber auch jede Gelegenheit, um ihre Gene weiterzugeben und alle rossigen Stuten zu besteigen, die in ihre Nähe kommen.
Die Wogen aus Pferdeleibern brechen und verschmelzen, zerstreuen und verdichten sich wieder. Die Tiere bleiben plötzlich in angespannter Ruhe stehen, um dann gemeinsam loszugaloppieren, die vordersten zunächst in einem langsamen Tempo, das bald immer schneller wird, weil die hinteren in ihrer Angst, zurückgelassen zu werden, viel zu rasch nachgekommen sind.
Die rapa das bestas *ist ein sehr altes Fest, das an frühgeschichtliche Jagden erinnert und zugleich an die ersten zögernden »Gehversuche« des reitenden Menschen. Eigentlich sollte man von diesem Fest von Anfang an in der Mehrzahl sprechen, denn jede Region des spanischen Galicien feiert seine eigene* rapa *mit den damit in Zusammenhang stehenden besonderen Techniken und Bräuchen.*
Am Morgen der rapa *oder auch schon an den vorhergehenden Tagen marschieren die Besitzer zu Fuß los, um ihre Pferde, die das Jahr über im hohen Farn und in der Macchia in Freiheit weiden, hinunter ins Tal zu treiben. Die wenigen Reiter, die an diesem Treiben teilnehmen, kommen von außerhalb.*
Jeder Besitzer führt ein Notizbuch mit sich und muss fleißig rechnen, um die Zuchtstuten zu den Fohlen in Beziehung zu setzen, die während des Jahres geboren wurden. Jeder kann nur hoffen, dass die Wölfe nicht allzu gefräßig waren.
Sobald die verschiedenen Herden zwischen zwei Reihen von Treibern versammelt sind, lässt man die Tiere in das Tal hinunter und in einen von Steinmauern umfriedeten Pferch laufen.
Das Pferd der rapas *ist das* cavalo do monte, *eine kleine, robuste Rasse und ein Verwandter der so genannten keltischen Pferde, zu denen auch das Asturcón-Pony und der portugiesische Garrano gehören. Durch zahlreiche Einkreuzungen ist das früher einfarbig braunrote oder dunkelbraune Fell verloren gegangen. Inzwischen versucht man dieser Pferderasse ihr altes Erscheinungsbild zurückzugeben.*
Man holt die Fohlen aus der Herde, indem man sie mit den Händen oder mit einem gekrümmten Stock fängt. Sie kommen in einen kleineren Pferch, aus dem heraus sie verkauft werden. Ihr Los ist alles

andere als romantisch: Sie landen überwiegend in Ländern jenseits der Pyrenäen – bei Pferdeliebhabern mit gastronomischem Interesse.
Die Stuten fängt man ebenfalls ein und stutzt ihnen Mähne und Schweif. Aus dem Haar fertigte man früher die Bespannung der Geigenbögen oder man stopfte damit Matratzen. Sobald sie geschoren und von Parasiten befreit worden sind, lässt man die Zuchtstuten zusammen mit den Hengsten wieder frei. Sie können ein weiteres Jahr damit zubringen, zu weiden und sich fortzupflanzen.
Um erwachsene Tiere und Fohlen einzufangen, bedient man sich verschiedener Techniken. Bei einer setzt man einen Stock ein, an dessen Ende ein Haken mit einer Seilschlaufe angebracht ist. Damit angelt man das ausgewählte Pferd, um es aus dem Pferch zu holen und zu scheren. Natürlich bedeutet dies auch einen Ringkampf mit dem Tier, das für seine geringe Größe erstaunlich kräftig ist.
Die rapa von Sabucedo ist die berühmteste und spektakulärste. Vielleicht lassen sich die jungen Leute ja von den Kameras der Lokalsender dazu verleiten, ihre Mut- und Kraftproben zu übertreiben. Allerdings werden die Pferde hier auch mit bloßen Händen gefangen, was viel Geschick erfordert. Sobald ein Tier ausgewählt ist, springt ihm ein Mann auf den Rücken und hält sich an der Mähne fest.
Dabei kommt es einem so vor, als wäre man Zeuge beim ersten Versuch des Menschen, das zu entwickeln, was wir heute Reitkunst nennen. Mensch und Pferd verwachsen zu einer körperlichen Einheit, ihre Ziele sind einander jedoch entgegengesetzt.
Mitten in der Herde, die vor lauter Angst in scheinbarer Gleichgültigkeit verharrt, kommt es zu einem Zweikampf zwischen Mensch und Pferd, das seine Last schleunigst loswerden will.
Nun stürzt sich ein Team aus drei durchtrainierten Männern auf das Tier. Zwei halten es mit bloßen Armen am Hals fest, der dritte steht am Schweif und wirft das Pferd mit geübtem Griff zu Boden, auf dem es während des Scherens liegen bleibt.
Am Tag nach der rapa holen die Familien ihre Stuten ab, kennzeichnen und entwurmen sie und stutzen Mähne und Schweif der am Vortag noch nicht geschorenen Tiere in den Höfen ihrer Häuser.
Die Hengste, die an ihren gespaltenen Ohrenspitzen erkennbar sind, sowie ein Drittel der Stuten gehören der Kirche, genauer: der Pfarrei von San Lorenzo. Dies geht auf ein altes Gelübde zweier Schwestern zurück, die dem heiligen Lorenz einen Hengst und zwei Stuten versprachen, wenn er das Dorf vor der Pest bewahrt. Früher trugen die Pferde der Pfarrei ein Brandzeichen in Form eines Gitters, das an das Martyrium des Heiligen erinnerte.

Italien, Sardinien
Ardia von Sedilo

Kaiser Konstantin wurde nicht von der Kirche heilig gesprochen, dafür aber von den Sarden, die ihn als heiligen Konstantin den Großen verehren. In ihrer Vorstellung ist er ein wundertätiger kriegerischer Heiliger. Die beiden Renntage der ardia von Sedilo sind ihm geweiht. Das Wort ardia bedeutet »Militäreskorte«.

Das Rennen wird angeführt von sa prima pandela (»sein erster Fahnenträger«), den zwei Leutnants und eine Garde begleiten und der eine mit Girlanden geschmückte Fahne trägt. Auch die Leutnants haben Fahnen, jedoch in anderen Farben. Sie vertreten das Heilige auf Erden. Vor ihnen her reiten an die 100 Männer auf Pferden, die auf sardische Art aufgezäumt sind.

Der traditionelle sardische Sattel sieht übrigens jenen Sätteln relativ ähnlich, die die Parther um 250 v. Chr. in China verwendeten – wenn man davon absieht, dass sie noch keine Steigbügel kannten.

Nachdem sie vom Pfarrer den Segen empfangen und an der Prozession teilgenommen haben, galoppieren sa prima pandela und die beiden Leutnants auf steinigen Wegen und unter einem Bogen hindurch zu einem Stück Land, das zu der Kirche gehört, die dem Heiligen geweiht ist. Der ungeordnete Haufen der anderen Reiter verfolgt sie und würde sie überholen, wenn die berittene Garde dies nicht mit Stockschlägen zu verhindern wüsste.

Ist die Kirche erreicht, verfällt man in Schritt. Nach einigen Volten, deren Anzahl sa prima pandela bestimmt, erweisen die Reiter dem Heiligen, der Kirche und den Honoratioren ihre Ehrerbietung. Danach reitet sa prima pandela im Schritt zu einem Rondell, das alle Reiter dreimal umkreisen müssen, zweimal in einer Richtung und einmal in der anderen.

Nun folgen die Leutnants im Galopp, vom Trupp der Reiter gejagt, zur Kirche. Hier beginnt der dritte Akt der ardia. Das eigentliche Rennen findet am Vorabend des Festtags in der Dämmerung und am Festtag selbst bei Sonnenaufgang statt. Die religiöse Symbolik tritt dabei deutlich zutage: Das Rennen versinnbildlicht den Sieg der kirchlichen Ordnung über das heidnische Chaos.

Nicht weniger deutlich zeigt sich die Geschicklichkeit der Reiter und der Pferde bei den Übergängen von der berauschenden Aufregung des Galopps zum ruhigen Schritt.

Die während des Rennens abgefeuerten Salutschüsse lassen eine wahre Schlachtstimmung aufkommen. Die Männer, die sie abfeuern, wachen aber auch sorgsam darüber, dass die Pferde auf der abgesteckten Bahn bleiben und das Publikum nicht zu Schaden kommt.

Der heilige Konstantin der Große wird auch in Pozzomaggiore gefeiert, ein für seine Pferdezucht berühmter Ort. Hier tragen die Vertreter des Heiligen auf Erden ein rotes Hemd und eine Pappkrone. Die Reiter beschränken sich darauf, paarweise durch die Altstadt zu galoppieren und im Schritt und Galopp mehrmals die Kirche zu umrunden. Die »nach englischer Art« ausgestatteten Pferde tragen herrlichen Halsschmuck aus besticktem Stoff, die collanas.

Italien, Sardinien
Ardia (Seiten 174–175).

25

Spanien, Menorca
Fest von San Juan

Herodot berichtet von einem Perser, der ein Pferd besaß, das darauf dressiert war, sich derart aufzubäumen, dass es so gerade wie ein Soldat stand und den Gegner gezielt mit Zähnen und Hufen angreifen konnte.

In Ciudadela auf der Insel Menorca jubelt die Menge dem braunen Pferd mit seinem elegant gekleideten Reiter zu, das in ihrer Mitte steigt. Das Tier schleudert die Vorderhufe in die Luft, als wollte es boxen. Aus dem Publikum denkt in diesem Moment gewiss keiner an die Soldaten vergangener Zeiten, deren Pferde sich mit auskeilenden Vorderbeinen aufbäumten, um angesichts der heranrasenden, brüllenden Artillerie ein letztes Entkommen zu versuchen.

Das Fest von San Juan in Ciudadela auf Menorca erinnert an die traditionelle Militärdressur der Mittelmeerländer. Die komplexen Feierlichkeiten bestehen aus öffentlichen Auftritten, aus Besuchen zu Pferde bei Freunden und bei den vornehmen Familien der Stadt, bei denen die Reiter grünes Schilfrohr in der Hand halten, das sie einige Tage zuvor bei einer besonderen Zeremonie geschnitten haben, sowie aus Turnieren mit Ringstechen, Galoppaden von Reitergruppen (ähnlich den sardischen Reiterkunststücken) und Scheingefechten: In den alten Obstgärten am Hafen treten die Reiter nachts mit Schilden und Tonkugeln gegeneinander an.

Der früher bestehende Kontrast zwischen den Zuschauern und der Eleganz des Reiters, der die landwirtschaftliche Vereinigung vertritt, hat mittlerweile an Schärfe verloren. Was das Publikum am meisten schätzt, ist die Fähigkeit des Pferdes und seines Reiters, die Levade (das Aufbäumen des Tiers) möglichst lange durchzuhalten.

Angesichts dessen, dass bei dem Fest der Alkohol in Strömen fließt, kann man sich nur wundern, dass es nicht zu Unfällen kommt. Möglicherweise ist das dem Charakter, der gründlichen Auswahl und der Ausbildung der Pferde zu verdanken, die nie die Kontrolle über ihren aufgebäumten Körper verlieren.

Spanien, Andalusien – *Rocío*

»Viva la Virgen del Rocío, viva la Paloma Blanca, rocío guapo, rocío guapo.«

Von der langen Reise durch den Staub erschöpft, schreit das Heer der Pilger die Formeln der Anbetung mit einem Eifer, der an einen antiken Chor erinnert, in die kalte Nacht hinaus.

In einem Teil Andalusiens am Guadalquivir, der ein bisschen arabisch und ein bisschen römisch anmutet, spielen sich seltsame Begebenheiten ab, die es verdienen, erwähnt zu werden.

Inmitten der archaisch schönen Sümpfe – dort, wo sich vor etlichen Jahrhunderten die Stadt Tartessos, Urahnin der europäischen Zivilisation, befand – verehrt man eine mit Gold überladene Barockmadonna mit dem wächsernen Gesicht einer Toten, eine Mutter, die Leben und Überfluss schenkt.

Nach den Prüfungen und Entbehrungen der Karwoche ist die Pilgerfahrt zum rocío *wie ein Fest des Frühlings und des Lebens. Jedes Jahr zieht eine wahre Armee zum* rocío*, angeblich 20 000 Reiter, dazu Wagen, die von Ochsen, Maultieren, Pferden und Traktoren gezogen werden. Dem mitgeführten Proviant nach zu urteilen muss diese Armee monatelang unterwegs sein.*

Tatsächlich dauert die Reise nur wenige Tage.

Die Masse lässt die geteerte Straße hinter sich und schlägt sandige Wege zwischen Eukalyptusbäumen und Pinien ein. Trommel- und Flötenspieler gehen ihr voraus und Salutschüsse donnern.

Der schönste aller Wege ist derjenige, den die Bruderschaften von Andalucía la Baja nehmen und der bei Sanlúcar de Barrameda den Guadalquivir überquert.

Nachdem Pferde, Wagen und das notwendige Mobiliar verladen sind, setzt man über und landet an einem der erstaunlichsten Orte der Mittelmeerregion, im Nationalpark Coto Doñana. Um ihn zu erreichen, klettern Pferde und Maulesel die Sanddünen hinauf, ohne den umherlaufenden Damhirschen und Wildschweinen weitere Beachtung zu schenken.

Hier verbringt man einige Tage, die nicht nach Stunden, sondern nach Temperaturen gegliedert sind. Die unerträgliche Mittagshitze geht in abendliche Kälte über, sodass man an Holzfeuern Zuflucht sucht. Das einzige Streckenmaß sind die langsamen, feierlichen Schritte der Ochsen und die forscheren Schritte der Maultiere im tiefen Sand.

Man kann aber auch auf andere Art zum rocío *gelangen, wie jene Pilger zu Fuß, die mit blutenden Füßen und vom Staub tränenden Augen dem* sinpecado*, dem Feldaltar auf einem Wagen, folgen. Abends brechen sie nach dem Rosenkranzbeten unter dem Sternenhimmel zusammen.*

Natürlich kann man auch im klimatisierten Range Rover reisen oder einfach nur reiten – Hauptsache man hat an die Kühltasche voller Bier, den Wein aus Jerez, Schinken und Flusskrebse sowie transportable Duschen und Betten gedacht. Und man kann junge Damen mitnehmen, die sich zweimal am Tag umziehen – alles in der Hoffnung, auf den Seiten der Zeitschriften zu erscheinen, die immer gerne über die folkloristische Atmosphäre des rocío *berichten.*

Rocío lautet auch der Name eines Dorfes von 2000 Seelen mit sandigen Straßen und niedrigen Häusern. Vor nicht allzu langer Zeit waren die Häuser noch Hütten mit Schilfdächern. Inzwischen werden sie an den Tagen der Wallfahrt für unglaubliche Summen vermietet.

Eine Million Pilger, zigtausende festlich geschmückter Pferde und Unmengen von Wagen richten in den verschlafenen Gassen ein unglaubliches Chaos an. Allerdings muss man feststellen, dass die spanischen Pferde wohl die geduldigsten der Welt sind. Sie halten still, während ihre Herrn im Sattel ganze Mahlzeiten einnehmen, trinken, schwätzen, flirten und rauchen, um dann ganz plötzlich Figuren der Hohen Schule vorzuführen, mit denen sie sich als virtuose Reitkünstler erweisen.

Andererseits verbringen die Tiere zahllose Stunden allein, in praller Sonne angebunden und ohne Wasser, bis ihre Reiter betrunken herbeiwanken, sich mühsam in den Sattel hieven und um vier Uhr morgens durch die Gassen des Dorfs galoppieren.

Dies ist die weniger ehrbare Seite der Pilgerfahrt, die mit dem Glauben an paloma blanca*, die Weiße Taube, eigentlich nichts zu tun hat.*

Die Bruderschaften ziehen mit ihren Reitern vorbei, um der »Göttlichen Hirtin« zu huldigen, und die vor die Wagen gespannten Ochsen knien vor der Kirchentür nieder.

Die Jungfrau, die von ihren glühendsten Verehrern fast vom Altar gerissen wird, besucht anschließend ihrerseits die Gläubigen. Dabei reist sie eine ganze Nacht lang bis zum Morgengrauen auf den Schultern ihrer Träger durch eine wahre Flut von Menschen.

Vielleicht ist beim rocío *aber auch die Rückreise am wichtigsten. Nach Tagen voller Vergnügen und Freuden beeilen sich alle, die in der Wallfahrt nur ein Fest sahen, nach Hause und zu ihrer Arbeit zurückzukehren. Die Pferde werden dann in Hänger und auf Lastwagen verladen oder, ganz banal, nach Hause geritten.*

Nunmehr besteht der Zug nur noch aus den echten Pilgern. Mit zu Boden gerichtetem Blick nehmen sie wieder auf ihren Wagen oder im Sattel Platz und schlagen die Wege ein, auf denen sie kamen. Nachts schlafen sie unter freiem Himmel, tagsüber leiden sie unter Sonnenglut und Staub, dazwischen singen und tanzen sie an den abendlichen Feuern. Ihre Rückkehr ist ebenso triumphal wie die einer siegreichen heiligen Armee. In den Straßen der Stadt werfen ihnen die Leute Blütenblätter zu und die Pferde finden wieder die Kraft, im schönsten Paradeschritt zu stolzieren. Die Pilger ihrerseits werfen duftende Rosmarinzweige in die Menge, als ein Zeugnis dafür, dass ihre wundersame Reise nicht nur ein Traum war.

Frankreich, Provence

Carreto Ramado

Frédéric Mistral, Literatur-Nobelpreisträger von 1904, beschrieb in seinen Memoiren Mes origines *den* carreto ramado *als einen mit Grün geschmückten und von 20 bis 50 Tieren gezogenen Wagen. Die Tiere hatte man wie in den Tagen der Ritter und Turniere ausstaffiert: Ihr Zaumzeug war unter bestickten Hüllen verborgen und sie trugen Spiegel, Federn und Messingmonde.*

Seit der ersten Hälfte des 18. Jahrhunderts ehrt man im Sommer in mehreren Dörfern der Provence, in dem Gebiet zwischen Rhone, Durance und dem Höhenzug der Alpilles mit dem carreto ramado *die Heiligen Éloi, ursprünglich Schutzpatron der Hufschmiede und deshalb auch der Fuhrmänner, und Roch (oder aber die heilige Magdalena), Schutzpatron der Gärtner.*

Der Wagen ist mit belaubten Ästen bedeckt, die ihn wie einen riesigen grünen Strauch aussehen lassen. Gezogen wird er von ungefähr 20 (in manchen Orten sogar von 50) hintereinander eingespannten Pferden, von denen jedes von einem Mitglied der Zunft der Fuhrmänner am Zaum gehalten wird.

Der carreto ramado *umrundet auf einer symbolischen Wallfahrt die Kirche von Saint-Éloi im Schritt und im Galopp und die Kirche von Saint-Roch nur im Schritt. Früher saß auf jedem Zugpferd ein Reiter. Die Tiere sind nach »Sarazenerart« gezäumt, die man auch die »kastilische Art« nannte. Mit Zäumen aus bunter Wolle, Federbüschen, gefärbtem Ziegenleder und kleinen Spiegeln sehen sie wie Rieseninsekten aus und erinnern tatsächlich an mittelalterliche Turnierpferde.*

Um noch ein wenig die Fruchtbarkeitssymbolik des Festes zu unterstreichen, bindet man an das Zaumzeug kleine goldene Eierteigbrötchen, die frisch aus dem Ofen kommen, die tortilladas.

Das Pferd als Prestigesymbol

Auch in unserer Welt, die von der Schnelllebigkeit und der Technisierung beherrscht zu werden scheint, bleibt noch genug Raum für den reitenden Menschen und sein Alter Ego.

Nach wie vor gibt es eine Gebrauchsreiterei und eine reine Luxushaltung. Diese Unterscheidung ist wichtig, denn nicht alle Pferde, die ein Reiter oder ein Züchter besitzt, kommen regelmäßig unter den Sattel. Es gibt eine Art der Zucht, die man als Luxuszucht bezeichnen könnte und die vor allem in der arabischen Welt, im Nahen Osten, in Afrika südlich der Sahara und in Spanien verbreitet ist. Darunter versteht man die Zucht und Haltung von Pferden, die nicht regelmäßig geritten oder vor den Karren gespannt werden.

Mit anderen Worten geht es hier um die kostspielige Haltung von Pferden, die man nur selten, vielleicht nur einmal im Jahr, für einen festlichen Anlass nutzt. Am offensichtlichsten ist die reine Luxushaltung bei jenen Beduinen im Nahen Osten, bei denen das Pferd keinerlei wirtschaftliche Bedeutung mehr hat.

In der arabischen Welt des Mittleren Ostens wurden im Grunde nie viele Pferde gehalten und es war keineswegs leicht, hier Hengste zu kaufen, um die trägen Pferderassen des europäischen Kontinents etwas aufzufrischen.

Nachdem in der arabischen Welt seit den 1940er Jahren keine Raubzüge mehr unternommen werden, ist der Gedanke, weiterhin zu Pferde zu reisen oder auch nur zum Vergnügen auszureiten, wenig verlockend.

»Warum sollen wir noch reiten, wenn wir doch Autos haben?«, fragen sich die Beduinen mit dem für sie typischen Sinn für das Praktische.

Seitdem wird das edle Tier nur noch aus Familientradition und aus rein ästhetischem Vergnügen gehalten. Erst die jüngeren Entwicklungen im Bereich des Pferderennens verhalfen der Pferdezucht wieder zu einer neuen Existenzberechtigung.

Im Afrika südlich der Sahara verdankt das Pferd seine weite Verbreitung der Verbreitung des Islam, zu der es wiederum selbst einen erheblichen Beitrag leistete (auch wenn es an manchen Orten schon zuvor einige wenige einheimische Pferde gegeben haben soll). Inzwischen sind an die Stelle der traditionellen Herrscher moderne Staaten getreten. Doch auch deren Präsidenten wissen um die Achtung, die die Bürger dem Pferd entgegenbringen, und umgeben sich weiterhin mit Reitergarden.

Bei religiösen Festen ehren die Reiter Würdenträger durch eine so genannte Fantasia, die ursprünglich ein nordafrikanisches Reiterkampfspiel war. Bei diesen Gelegenheiten tritt wieder die bravouröse Reitkunst zutage, die an die Bedeutung erinnert, die das Pferd in der Geschichte Afrikas spielte.

In Spanien, und dort besonders im Süden des Landes, hält man sich vor allem deshalb Pferde, um mit ihnen bei festlichen Anlässen zu repräsentieren oder um sie bei Wallfahrten und anderen religiösen Veranstaltungen zu reiten. Doch auch in Spanien setzt sich eine sportlichere Nutzung des Pferdes immer mehr durch.

Malta, Gozo
Fest des heiligen Georg

Malta war seit jeher ein Bollwerk des Christentums gegen die nahe gelegenen Hochburgen des Islam. Die Insel wurde zum Stützpunkt jenes Ritterordens, der sich hier nach langen Irrfahrten niederließ und den Namen der Inselgruppe übernahm.

Selbstverständlich gibt es dort, wo einst Ritter lebten, auch Pferde. Es sind hervorragende Tiere: Berber und Araber, aber auch Nachkommen von Pferden der französischen, spanischen, portugiesischen, italienischen oder österreichischen Kavallerie.

Wo es Pferde gibt, veranstaltet man natürlich auch Rennen. Wie auf dem europäischen Festland werden diese in den Hauptstraßen der kleinen Orte abgehalten.

Früher dienten sie der Auswahl guter Zuchtpferde. Dabei gingen bei den meisten Rennen reiterlose Pferde an den Start oder aber Tiere, die von jungen schwarzen Sklaven geritten wurden, wie es auf alten Drucken überliefert ist. Auch die englischen Reisenden, die sich immer sehr für alles interessierten, was mit Pferden zu tun hatte, berichteten von diesen Sklaven. Sie ritten nicht nur ohne Sattel, sondern auch ohne Kopfzaum und ohne Zügel, jedoch mit einem Halsriemen. Diese Zeugnisse könnten beweisen, dass die Reitkunst des antiken Numidien, das ja von Malta nicht allzu weit entfernt lag, rund 1700 Jahre hindurch überlebte. Beide Rennen, die mit Sklaven wie die ohne Reiter, gehören mittlerweile der Vergangenheit an.

Auf der Insel Gozo, der zweitgrößten der Gruppe, die sowohl hinsichtlich ihrer Trachten als auch der Sprache die traditionellere ist, reitet man durch die Straßen der Stadt Victoria, um den heiligen Georg, den großen Märtyrer, zu ehren.

Die Hauptstraße mit fein gearbeiteten Balkons im halb arabischen, halb englischen Stil verläuft beinahe gerade. Die Ziellinie liegt auf einer Steigung, die, wie man glauben könnte, das Anhalten und Einfangen der reiterlosen Pferde erleichtern müsste. Sie ist gleichzeitig sicher auch die erstaunlichste und bunteste Ziellinie, die man sich denken kann – dekoriert mit barocken Laubsägearbeiten, bunten Lampions und Zuschauern aus Holz und Papiermaché sowie Heiligenfiguren, die für das Zielfoto wie Richter angeordnet sind. Ein Zielfoto wird wirklich gemacht, um nämlich zu verhindern, dass es über Sieg und Reihenfolge beim Einlauf zu jenen heftigen Diskussionen kommt, für die die Bewohner der Mittelmeerländer berühmt sind.

Die heutigen Rennen werden im Sulky und, was noch ungewöhnlicher ist, im Galopp gefahren. Es gibt mehrere Kategorien: Shetlandponys, Kleinpferde, einheimische Pferde und tunesische Pferde. Nur die echten, vor allem die aus Frankreich und Schweden importierten Traber laufen im Trab.

Galopprennen mit Reitern sind selten und begeistern das Publikum kaum. Die Alten erinnern sich, dass einst in Jahren, in denen weder die Zahl noch die Beliebtheit der Pferde groß war, die Rennen mit Zugpferden und Eseln bestritten wurden.

Frankeich, Arles
Fest der Gardians

Arles an der unteren Rhone ist die wichtigste Stadt der scheinbar so wilden Camargue. Diese Landschaft entstand durch den Einfluss des Meeres, der Rhone und der Arbeitskraft des Menschen, der seit der Antike das Vor- und Zurückfluten des salzigen und des süßen Wassers in seinem Sinne zu steuern versucht. Arles war aber auch eine Reiterstadt, die einst alljährlich die päpstlichen Ställe von Avignon mit zwei makellosen Pferden belieferte.

Der Obelisk, der die Spina des Hippodroms zierte, in dem die Wagenrennen der alten Römer stattfanden, steht inzwischen auf der Place de la République, auf der sich am 1. Mai die gesamte Camargue versammelt, um den Tag des heiligen Georg und die alte Bruderschaft der Gardians zu feiern.

Die Bruderschaft wurde am 2. Januar 1512 gegründet und zählte anfangs 23 Mitglieder; 1527 waren es schon 130. Ebenso wie andere berufliche Vereinigungen dieser Zeit diente sie gleichzeitig als Verein zur gegenseitigen Hilfeleistung, als paramilitärische Organisation und als religiöser Bund. Gegründet wurden die Gardians wahrscheinlich deshalb, weil man sie vor den damals üblichen Zwangsrekrutierungen schützen wollte. Nachdem die Bruderschaft mehrmals innerhalb von Arles die Kirche gewechselt hatte, erwählte sie 1802 Notre-Dame-la-Major zu ihrem Sitz. 1817 wurde sie nach den revolutionären und antiklerikalen Wirren auf Antrag der damals 47 Mitglieder neu gegründet.

Das Datum des heute noch gefeierten Festtags zu Ehren des heiligen Georg wurde mehrfach verlegt: vom Namenstag des Heiligen auf den Pfingstmontag, später auf die Festtage von Arles im Juli und schließlich auf den 1. Mai.

Zwischen 1882 und 1899 fiel das Fest aufgrund eines heftigen Konflikts zwischen den konservativen Gardians und der republikanischen Stadtverwaltung ganz aus. Aus welchen Gründen auch immer – über die Feste in alter Zeit sind kaum schriftliche Zeugnisse erhalten. Das älteste historisch belegte Fest datiert aus dem Jahre 1834.

Der Mythos des Gardians ist ebenso wie der Mythos des Cowboys neueren Ursprungs und im Grunde weniger faszinierend als die Realität.
Es gab eine Zeit, in der sich die Gardians nicht als Gardians kleideten, sondern als berittene Hirten; ihre Kleidung aus Samt unterschied sich damals kaum von der anderer Hirten. Eine Ausnahme stellten ihre Stiefel oder besser ihre Gamaschen aus dickem gegerbtem Leder dar, die an den absatzlosen Holzschuhen befestigt wurden, sodass der Steigbügel wesentlich breiter als heute gebräuchlich gewesen sein muss. Außerdem hatten sie schwarzweiß karierte Socken an, die ebenfalls mit den Holzschuhen und noch früher mit garamachos, *schlichten Gamaschen aus festem Leinen, getragen wurden. Sie lebten in Hütten aus Weidengeflecht. Das Fehlen von Zäunen erschwerte ihre Arbeit sehr.*
Die Folklore der Camargue wurde Anfang des 20. Jahrhunderts von einem Edelmann »erfunden«, dessen Familie aus der Toskana gekommen war. Das Andenken des Marquis de Baroncelli Javon wird in der Camargue nach wie vor hochgehalten. Zum Widerstand gegen die kulturelle Vorherrschaft von Paris wurde der Marquis, wie man ihn noch heute nennt, durch die von Frédéric Mistral gegründete Vereinigung félibrige *inspiriert, die sich für die provenzalische Sprache und Tradition stark machte. Bald aber kam es zu einem Streit zwischen beiden Herren, da Mistral an der Camargue nicht weiter interessiert war. So jedenfalls entstand der Mythos der jungfräulichen, wilden und reinen Camargue, Heimat edler Menschen von natürlicher Noblesse und Gegenpart zur städtischen, bürgerlichen Kultur.*
Von Amerika und seinen Ureinwohnern fasziniert, lud der Marquis zwei Indianer aus Buffalo Bills Wildwestschau ein, die damals in Marseille auftraten. Im Gegenzug verliehen ihm die Indianer einen Namen in der Sprache der Dakota: »Vogel, der dem Ast treu bleibt, auf den er sich setzt.«
Auch das Kino spielte eine wichtige Rolle bei der Entstehung des Mythos. Kurz vor dem Ersten Weltkrieg wurden zahlreiche Filme, die von Joe Hamman produziert wurden und in denen er auch mitspielte, in der Camargue gedreht und häufig auch in die USA verkauft. Hamman war ein französischer Exzentriker, der in Amerika bei Indianern gelebt und als Cowboy gearbeitet hatte. Der jüngste dieser Filme ist Crin blanc (Der weiße Hengst) *und wurde in den 1950er Jahren gedreht. In diesen Filmen wurden Indianer häufig von Zigeunern gespielt, aber auch Zigeuner von Indianern.*
Weil ihm der Mythos der Camargue als Grenzland nicht genügte und er diesen Landstrich auch optisch bereichern wollte, entwarf der Marquis auch »Uni-

formen«, die die Gardians heute noch tragen: die schwarze Samtjacke und die beige Hose. Die wahre Herkunft dieser Jacke ist umstritten. Die einen führen sie auf die Familie Pelot zurück, Grundbesitzer aus der Gegend von Aigues-Mortes, andere auf den russischen Maler und Philosophen Iwan Pranischnikow, der in der Camargue lebte. Die Hose war aus Moleskin (»Maulwurfshaut«), einem Stoff, der so heißt, weil er sich wie das Fell eines Maulwurfs anfühlt.

Ursprünglich waren nur die Nacioun Gardiano so ausgestattet, eine folkloristische Gruppe von Amateur-Gardians, die vom Marquis befehligt und von den professionellen Gardians nicht ohne weiteres akzeptiert wurden. Berühmt sind die Worte des Gardian Justin Pons, gerichtet an einen Amateur-Gardian, der sein Recht in Frage stellte, eine Mütze zu tragen: »Souto ma casqueto i'a une testo de gardian, souto toun capeu, i'a uno testo de coioun.« (Unter meiner Mütze ist der Kopf eines Gardian, unter deinem Hut ist der Kopf eines Einfallspinsels.)

Der Marquis ließ sich außerdem von Ritterspielen inspirieren, die man in den Jahren der Papstherrschaft zwischen 1305 und 1377 auf dem großen Platz von Avignon abgehalten hatte. Später kannte man nur das jo de la bago, eine Art Ringstechen, und veranstaltete auf den Hauptstraßen Rennen mit ungesattelten Pferden, an denen keine Tiere teilnehmen durften, die schon auf einer Rennbahn gelaufen waren.

Die vom Marquis eingeführten Spiele finden mittlerweile jedes Jahr am 1. Mai im Amphitheater von Arles statt. Dazu zählen: parado di cherpo oder Spiel der Schals, zuvor letztmalig in Anwesenheit von Papst Benedikt XIII. von Neapel am 2. Dezember 1400 anlässlich der Hochzeit von König Ludwig II., Graf der Provence, mit der Prinzessin Yolande von Aragon abgehalten wurde; parado dou ratie oder Spiel des Sperbers, auch Spiel des Blumensträußchens genannt, bei dem der Träger des Sträußchens die Rolle einer Taube übernimmt, die von Sperbern verfolgt wird; lou jo dis arangie oder Spiel der Orangen, das alter maurischer Herkunft zu sein scheint, und jo de la bago.

Die modernen Versionen dieser Spiele wurden der Öffentlichkeit das erste Mal 1912 in Saint-Raphaël im Var und 1923 in Arles vorgestellt.

Auch wenn die Bruderschaft der Gardians heute viele ihrer früheren Aufgaben verloren hat, müssen die Mitglieder ihres obersten Rates – Präsident, Hauptmann und Prioren – professionelle Gardians oder Söhne von Züchtern sein. In der Camargue gibt es heute rund 20 professionelle Gardians und etliche Amateur-Gardians, ohne deren Engagement der Fortbestand der manades, der Zuchtbetriebe, in der Camargue nicht möglich wäre.

Zu dem Mythos, der mit der Camargue verknüpft ist, gehören auch Stier und Pferd. Diese beiden Tiere, die man sich als zueinander im Gegensatz stehend vorstellt, sollen auch farblich ein Gegensatzpaar bilden: Der Stier soll so schwarz wie eine mondlose Nacht sein und das Pferd so weiß, wie ein Pferd – zumal es sich ja um ein Arbeitspferd handelt – überhaupt weiß sein kann.

Die kleinen Stiere sind flink, schnell wie Wildschweine und schlau wie Rehe. Um zu begreifen, was ihre Faszination ausmacht, muss man ihr dumpfes Brüllen und das Geräusch gehört haben, das entsteht, wenn sie bei ihren Rangkämpfen die Hörner gegeneinander krachen lassen.

Die anspruchslosen Camarguepferde waren lange Zeit so gut wie vergessen und man nutzte sie höchstens, um das Getreide zu dreschen. Es ist kein Zufall, dass die Gardians auf alten Fotos häufig auf braunen Pferden sitzen. Heute wählt man diejenigen Pferde aus, die am robustesten und am leichtesten zu reiten sind. Man muss sie geritten und mit ihnen Rinder getrieben haben, um ihre Trittsicherheit im Schlamm, ihr Reaktionsvermögen und ihre Fähigkeit, das Verhalten der Rinder vorauszusehen, schätzen zu können.

Um einen Eindruck vom Charakter des Camarguepferds zu geben, sollen hier Fourquet und sein Gardian Plume erwähnt werden, zwei einstige Berühmtheiten, die sich 1892 mehrmals in die tosende See stürzten, um die Schiffbrüchigen der Élisa zu retten.

Guatemala, Todos Santos

In Todos Santos, das im Norden von Guatemala im Gebirge von Cuchumatanes liegt, wird ein kulturwissenschaftlich sehr interessantes Psychodrama zu Pferde inszeniert.

Am 1. November schwingen sich alle männlichen Bewohner von Todos Santos, die sich das Spektakel finanziell leisten können, in den Sattel und galoppieren von Sonnenaufgang bis Sonnenuntergang wie die Wahnsinnigen auf ungefähr 100 Metern staubiger Straße hin und her.

Wir wollen gleich von vornherein klarstellen, dass es bei diesem Rennen keinen Sieger geben wird. Es geht einzig darum, vor der versammelten Gemeinde seinen Mut und sein soziales Ansehen unter Beweis zu stellen.

Dabei tritt nun ein aus reiterlicher Sicht nicht unerhebliches Problem auf, das darin besteht, dass sämtliche todosanteros *nicht reiten können und sogar angesichts von Pferden und der Vorstellung, sie reiten zu müssen, große Angst verspüren.*

Der Alkohol, der ihnen nach traditioneller mittelamerikanischer Vorstellung ermöglicht, mit höheren Wesen in Kontakt zu treten, führt bei ihnen ein den Zustand veränderndes – um nicht zu sagen umnebeltes – Bewusstsein herbei, das ihnen ermöglicht, den Ritt zu wagen.

Die Pferde werden für hohe Summen, die der Hälfte des Kaufpreises entsprechen können, für diesen Tag gemietet. Die Leute, die sie vermieten, werden »Spanier« oder »Kastilier« genannt, weil sie, obgleich sie ebenso wie die todosanteros *Mestizen sind, Spanisch und nicht eine Mayasprache sprechen. Mit diesen »Spaniern« nehmen die* todosanteros *frühzeitig vor dem Fest Kontakt auf und lassen sich ausdauernde und feurige Pferde reservieren.*

Die Reiter teilen sich nach einer präzisen Rangfolge in quadrillas *auf: Es gibt einen* primer capitán *(ersten Hauptmann),* segundo capitán *(zweiten Hauptmann), den* primer *und den* segundo mono *(ersten und zweiten Gehilfen) usw. Der* primer capitán *kümmert sich um die Organisation der Feierlichkeiten, der Musik und des Zechgelages, das bereits zwei Tage vor dem Rennen beginnt.*

Nachdem die Männer die Nacht damit verbracht haben, aguardiente *zu trinken und zur Begleitung der Marimbas zu tanzen, kleiden sie sich in neue, mit bunten Federn verzierte Gewänder, setzen Strohhüte auf und binden sich Halstücher um. Auswahlkriterium für die Kleidung ist, dass sie ihren Träger möglichst wohlhabend aussehen lassen soll.*

Anschließend werden die Teilnehmer buchstäblich in den Sattel geworfen und mit ihren Pferden zum Austragungsort des Rennens geführt. Die Straße ist an beiden Enden mit massiven Pfosten abgesperrt – hier steht auch eine Schar »Spanier«, die über ihre Tiere wacht.

Von acht Uhr morgens bis fünf Uhr nachmittags wird galoppiert. Die einzige längere Unterbrechung stellt ein Mittagessen dar, bei dem auch wieder fleißig gebechert wird.

Damit ungeschickte todosanteros *nicht die Pferde verletzen, entfernen die »Spanier« die Mundstücke aus den Zäumen und geben den Reitern schlaffe Peitschen, die zwar knallen, den Tieren aber keinen Schaden zufügen. Unter Einwirkung des Alkohols und der anfeuernden Zurufe der Menge erreichen die Teilnehmer des Rennens bald einen Zustand wahrer reiterlicher Ekstase.*

Die todosanteros *reiten im Galopp mit geschlossenen Augen, ohne jegliches Gleichgewicht, ohne ihre Hände, wofür auch immer, einzusetzen. Sie verlieren sofort die Steigbügel und werden durchgeschüttelt wie Kartoffelsäcke.*

Nach jedem Rennen lassen sie den Oberkörper auf den Hals ihres Pferdes sinken. Trotzdem verlangen sie nach einem Bier oder mehr aguardiente *und protzen untereinander mit ihren Reitkünsten.*

Die besorgten »Spanier« beeilen sich, ihre Pferde bei jeder Rast und trotz der Proteste der Reiter am Zügel zu halten, damit sie sich ausruhen können. Nach einer kurzen Verschnaufpause müssen die Tiere wieder losgaloppieren. Die unerfahrenen Reiter zerren an den Zügeln. Man singt, man brüllt, man beschimpft sich, man klammert sich an das Sattelhorn und kneift die Augen zu.

Es gibt in Mittelamerika kein Fest ohne Blutvergießen. Früher, so heißt es, erwartete man mit Spannung den tödlichen Sturz eines Reiters, der sich meist gegen Sonnenuntergang ereignete, denn dieses Menschenopfer würde der Gemeinschaft das ganze folgende Jahr hindurch zu guten Ernten und Wohlstand verhelfen. Heutzutage begnügt man sich mit einem Bluterguss oder opfert einen Hahn.

Der Ritt, der oberflächlich betrachtet lächerlich erscheinen mag, stellt in Wirklichkeit eine interessante Strategie im Umgang mit kulturellen und historischen Gegebenheiten dar. Er ist ein Initiationsritus und dient dazu, wirtschaftlichen Status, Männlichkeit, Kraft, Mut und Charakterstärke zu beweisen. Diejenigen todosanteros, *die in die USA ausgewandert sind, kommen zu Allerheiligen nach Hause und investieren ihre Ersparnisse in das Fest.*

Die Erinnerung an die Kolonialzeit ist unter den Ureinwohnern noch lebendig. Reiter zu sein bedeutete lange Zeit, nicht mehr Besiegter und Eroberter, sondern Sieger und Eroberer zu sein. Der Ritt von Todos Santos stellt also so etwas wie eine sehr originelle Form der Vergangenheitsbewältigung dar. Wer den teuren Mietpreis für das Pferd aufbringt und sich beim Rennen einigermaßen im Sattel hält, kann sich zumindest einige Tage lang als stolzer »Spanier« fühlen – und den gering geschätzten Indio vergessen.

Neben dem Ritt finden auch Tänze statt, bei denen sich die maskierten Tänzer über die Spanier der Kolonialzeit, ihre Tänze und ihre Festrituale lustig machen. Der Tag nach dem Rennen ist der Tag, von dem man glaubt, dass die Lebenden mit den Toten Kontakt aufnehmen können. In ihrer reiterlichen Aufmachung tanzen und trinken die Männer vor den Gräbern, um die geliebten Verstorbenen wissen zu lassen, dass sie sich durch den Ritt alle Ehre gemacht haben.

Guatemala
Todos Santos *(Seiten 188–189).*

Tibet, Erntefest

Anlässlich der Erntefeste, die bei Vollmond im Juli oder August stattfinden, veranstalten die tibetischen Bauern Reiterspiele, die von der prächtigen Ausstattung her an die örtlichen Milizen der Vergangenheit erinnern und bei denen die Bewohner der verschiedenen Dörfer gegeneinander antreten. Je ausgelassener die Reiter dabei werden, desto schwieriger gestalten sich natürlich die Spiele.

Die Reiter präsentieren Voltigierfiguren und führen wahre Tänze zu Pferde auf. Sie breiten die Arme aus wie ein Vogel die Flügel, zeigen ihre Sattelfestigkeit, indem sie den Oberkörper von einer Seite auf die andere pendeln lassen, oder heben mit den Händen oder der Peitsche die kata vom Boden auf. So bezeichnet man die weißen Schals, mit denen man angesehene Gäste, Buddhastatuen und hochrangige Mönche beschenkt.

Die Reiter, die um die Taille Köcher mit Pfeilattrappen gebunden haben, schießen mit dem Bogen oder feuern mit ihren primitiven Gewehren laute, aber folgenlose Schüsse ab. Alle tragen bunte Kostüme und seltsame Hüte im Mandschustil mit Fransen, die an die Zeit erinnern, in denen diese Dynastie auch über Tibet herrschte.

Sie reiten die typischen langhaarigen tibetischen Pferde, die nur so hoch wie Fahrräder werden. Ihre geringe Größe sowie ein Riemen, der unter dem Pferdebauch durchgeführt die Steigbügel miteinander verbindet, erleichtern es den Reitern, Gegenstände vom Boden aufzunehmen.

Kamerun, Fantasia

Inmitten des hohen, zart rosa und gold gefärbten Grases tauchen die Reiter in ihren weiten bestickten Mänteln auf und sind so herrlich anzusehen, als seien sie soeben einem Gemälde von Paolo Uccello entsprungen.

So müssen die Fürsten der Renaissance gereist sein – mit zeitloser Nonchalance, hoch zu Ross durch Dornengestrüpp, an dem ihre raschelnden Roben niemals hängen blieben.

Die Reiter unterhalten sich leise und lachen liebenswürdig, wie es Aristokraten gebührt. Die Pferde gehen mit sicherem Schritt, aber doch wie im Traum durch Gras, das den Reitern bis zur Schulter reicht, vorbei an Termitenbauten, die wie wahre Türme von Babel wirken, vorbei an den Baobabs, deren Rinde so faltig ist wie Elefantenhaut.

Die Turbane, Peitschen, Buschmesser, Schwerter und Dolche stammen noch aus der Zeit der Raubzüge, haben aber noch nichts von ihrer Schrecken verbreitenden Bedeutung verloren, denn die Bauern, die von ihren Feldern heimkehren, zeigen sich vom Anblick der Reiter beunruhigt und gehen ihnen möglichst aus dem Weg.

Die Pferde gehören den lamibe*, Fulbe-Herrschern, die einst reich und mächtig waren und sich auch in der Republik Kamerun ihr Prestige und ihre traditionelle Macht erhalten konnten.*

Der lamido *(Singular von* lamibe*) vertraut einem Mann aus den Reihen seiner Funktionäre, Minister oder Krieger sein wertvolles Amtspferd an, das das Symbol seiner Macht darstellt. Der Untertan muss über dieses Tier wachen. Dieses wichtige Amt zu verlieren käme einem Verlust an Ehre gleich.*

Das Tier wird nur selten geritten, oft nur anlässlich des großen Festes am Ende des Ramadan oder 60 Tage später beim Opferfest oder zu Ehren eines hochrangigen Besuchers, bei Hochzeiten und der Einsetzung eines neuen Königs.

Am Festtag erscheint der lamido *zu Pferde am Eingang seines Lehmpalasts. Er trägt einen goldenen Mantel und ist von seiner Garde umgeben. Die Gewänder seiner Männer sind mit Unmengen von Amuletten behängt, die Männer selbst mit Pfeil und Bogen bewaffnet und von grimmigem Aussehen. Der Klang der Trommeln und der langen Hörner ist ohrenbetäubend, und der Griot, der Hofdichter des Königs, muss seine Preisungen laut hinausschreien, um die Musik zu übertönen: »Sei gegrüßt, Herr, Herrscher über die Elefanten, einsamer Büffel in der Savanne, Stier der großen Kuhherde!«*

Nur der Sonnenschirm, der besser an einen Strand passen würde, erinnert daran, in welchem Jahrhundert man sich befindet.

Umgeben von der Menge, die sich an dem Platz vor dem Palast eingefunden hat, wirbeln die Reiter in ihren prachtvollen Gewändern gewaltige Staubwolken auf. Die unvermittelt zu einem kurzen Galopp angespornten Pferde buckeln, verweigern, drehen sich um die eigene Achse und lassen sich trotz der scharfen Zäumungen kaum lenken.

Die Reiter stürzen im heftigen Galopp auf ihren Herrscher zu, zügeln die Pferde im letzten Moment, rufen, in den Steigbügel stehend, »Ehre dem König!« und schwenken ihre Schwerter und Dolche oder Lanzen, von denen sie mehrere mit einer Hand halten und diese klirrend gegeneinander schlagen.

Nun ist der lamido *an der Reihe. Zuerst muss er im Kreise seiner Minister und dann allein auf seinen Palast zugaloppieren. Seine Pagen stürzen zu Fuß hinterher, voller Angst, dass er bei dem wilden Ritt zu Schaden kommen könnte. Kaum ist das Pferd stehen geblieben, bringen sie rasch Zaumzeug und Stoffe wieder in Ordnung, damit der Herrscher sich sofort wieder in das herrlichste Reiterstandbild verwandelt, das man sich vorstellen kann.*

Kamerun, Fantasia

(Seiten 196–197)

USA, Montana
Crow Fair

USA
Am Fluss Little Big Horn.

Die Crow leben in einem Reservat in jener Gegend, in der die berühmte Schlacht am Little Big Horn stattfand. In dieser Schlacht kämpften Crow als Indianerscouts auf Seiten von Custer gegen die Cheyenne und die Sioux, weil diese in das Territorium der Crow eingedrungen waren.
Im August entsteht an den Ufern des Little Big Horn, einem schmalen, mäandrierenden Wasserlauf, das größte Lager von Indianerzelten, das man heutzutage in den USA zu sehen bekommt. Ursprünglich war die crow fair *eine Landwirtschaftsausstellung nach englischem Vorbild, bei der man die dicksten Tomaten und die größten Kürbisse prämierte. Unterstützt wurde die Veranstaltung von Weißen, die so beweisen wollten, wie vollständig sich die wilden, nomadisierenden Jäger in sesshafte, zivilisierte Bauern hatten verwandeln lassen.*
Diese Inszenierung ließ sich jedoch auf Dauer nicht aufrechterhalten – und die Indianer nutzten die Ausstellung vermehrt zur Selbstdarstellung. In einer Zeit, die man als »Epoche der Reservate« bezeichnet, wurden Kleidung und Zaumzeug immer üppiger mit Hirschzähnen, Tierfellapplikationen und Glasperlen verziert.
Traditionell üblich waren die schlichten, eleganten Ornamente der Stickereien aus behandelten und gefärbten Stachelschweinborsten. Diese wurden von Perlen europäischer Herkunft verdrängt, die man später, wie die Hirschzähne, durch Plastik ersetzte. Bei dem Wettbewerb um die schönste Reitkleidung gibt es übrigens eine Kategorie namens »Hirschzähne«.
Die Paradezäumung war vor allem bei den »Damenpferden« so überladen, dass man die Tiere darunter kaum noch erkennen konnte.
Bei den Prärieindianern bevorzugten die Männer für Krieg und Jagd leichte Kleidung sowie leichte Zäumungen und Sättel für die Pferde. Die Sättel etwa

bestanden vorwiegend aus einfachen Lederkissen. Mit der Zeit allerdings lernten die Indianer die Sättel der Weißen zu schätzen.
Die Indianer, die sich ihre Reitkunst ohne europäische Vorbilder selbst erarbeiten mussten, stiegen von der rechten Seite auf. Jene aber, die sich europäische Sättel anschafften, ahmten die europäische Reitweise nach und bestiegen ihre Pferde von links.
Um die Stangen zu befestigen, an denen das Schleppgestell zum Transportieren der Lasten montiert war, verwendeten die Frauen einen Sattel, der jeweils vorn und hinten ein Horn besaß. Auf der rechten Seite hängten sie den fest eingewickelten Säugling senkrecht an den Sattel. Vorn und hinten wurden Rohlederbehälter mit den täglichen Gebrauchsgegenständen befestigt. Hinten am Sattel hing zudem ein Lederfutteral, in dem die Lanze ihres Ehemanns steckte, der wie alle anderen Krieger an den Flanken der Gruppe ritt.

Heute ist die Bedeutung dieser Gegenstände nur noch von symbolischem Wert; trotzdem werden diese früher funktionalen und heute dekorativen Dinge nach wie vor hergestellt und mitgeführt. Manche Reiter legen zusätzlich auch noch ein Puma- oder Jaguarfell über den Sattel.

Der Stirnschmuck in Form einer Sonne, der aus Perlen und Schweifhaar gefertigt ist, erinnert an den spanischen mosquero *(Fliegenwedel); das Vorderzeug mit den geometrischen Verzierungen ist typisch für den Stil der Crow. Mit all diesen Dingen angetan, zieht die Parade der Pferde und Reiter langsam durch die Straßen des Lagers und an den Juroren vorbei, die sich die Nummern der Teilnehmer notieren, Punkte vergeben und schließlich Preise verleihen.*

Die crow fair *ist ein gesellschaftliches Ereignis, bei dem die Erwachsenen ihren zahlreichen Verpflichtungen nachkommen: Sie besuchen Verwandte und Freunde, kaufen an den Ständen anderer Stämme ein, die bei der* crow fair *ausstellen, und tauschen zur Erinnerung an die Verstorbenen Geschenke aus.*

Die jungen Leute sind so gekleidet wie alle anderen jungen Amerikaner, tragen Jeans und bunte T-Shirts, Baseballmützen und Sonnenbrillen. Sie kommen und gehen, scherzen und necken sich, galoppieren zu den sandigen Ufern des Little Big Horn, um die Pferde nach der Parade zu tränken. Sie sind akrobatische Reiter, drehen sich auf dem Pferderücken und sitzen plötzlich seitwärts oder mit dem Rücken zum Kopf des Pferdes.

Allmählich verstummen die Gespräche und das Lachen der Jugendlichen und über die Landschaft senkt sich eine tiefe Stille, die nur von den fernen Trommeln der Tanzwettbewerbe und dem Gluckern der trinkenden Tiere unterbrochen wird.

Man erzählt, dass das Stehlen von Pferden während der crow fair*, praktisch vor der Nase ihrer Besitzer, bei den Jungen ein beliebter Zeitvertreib ist. Mitunter werden die Pferde auch abends, wenn es dunkel ist, losgebunden. Natürlich führt das zu einem Tohuwabohu aus Hufgedonner und Gewieher und aus rufenden und laufenden Menschen, die die Flüchtigen wieder einzufangen versuchen.*

Nicht weit vom Lager entfernt wollen einige Leute am Schlachtfeld von Little Big Horn die Geister von zwei amerikanischen Soldaten und einem jungen Krieger gesehen haben, und zwar so deutlich und so lange, dass sie sogar ihre Namen angeben und ihr Aussehen ausführlich beschreiben können …

Pferde in der Prärie

Die Leidenschaft der nordamerikanischen Indianer für Rennen und Wetten ist bekannt. Früher wetteten sie auch bei der Bisonjagd, zum Beispiel wie viele weibliche Tiere an einem Tag erlegt werden würden. Der Wetteinsatz konnte ein Bogen, ein Pferd oder sogar ein Zelt mit allen dazugehörigen magischen Schutzamuletten sein.
Nach der Einführung des Pferdes in der Prärie verdrängte das Pferderennen allmählich den bis dahin sehr beliebten Wettlauf zu Fuß.
Zu einer Zeit, als Hunde noch die einzigen Lasttiere waren, musste ein guter Krieger möglichst schnell und ausdauernd laufen können. Gute Läufer waren sehr angesehen und hatten in der Schlacht bessere Sieges- und überhaupt Überlebenschancen.
Als das Pferd in der Prärie heimisch geworden war, genoss derjenige das größte Ansehen, der gute Pferde besaß. Ein schnelles Pferd leistete wertvolle Hilfe bei der Bisonjagd, sofern es gut reitbar war. Ein gutes Kriegspferd erlaubte dem Reiter bei Raub- und Rachezügen, den Feind zu überraschen und sich rasch in Sicherheit zu bringen.
Um herauszufinden, welche Pferde gut waren, suchten sich die Jungen ab ihrem zehnten Lebensjahr ein- oder zweijährige Pferde aus, die sie zum ersten Mal beim Töten der Kälber ritten – als Vorbereitung auf die eigentliche Bisonjagd.
Die Indianer schätzten am meisten die besonders schnellen Pferde, die gleichzeitig aber nicht allzu auffällig schnell sein durften, weil dann mit ihnen bessere Wettquoten und Überraschungssiege zu erzielen waren.

Die Prärieindiander zahlten für gute Pferde Höchstpreise. Im Allgemeinen liefen diese ab einem Alter von drei oder vier bis zum Alter von neun Jahren über eine Distanz von mitunter drei, häufiger jedoch sechs Kilometern.
Die Länge der Strecke wurde weniger gemessen als geschätzt, Start und Ziel befanden sich an derselben Stelle und meist traten zwei Teilnehmer gegeneinander an.
Nach dem Ende der Indianerkriege und dem Untergang der Bisonjägerkultur begann die Epoche der Reservate. Die kleinen Ponys verloren an Ansehen, hatten keinen praktischen Wert mehr und erinnerten nur an den schmerzhaften Verlust der Vergangenheit. Nur wenige Tiere dieses Schlags überlebten in den Reservaten bis in die 1950er und 1960er Jahre hinein.
Wie man aus älteren Fotos ersehen kann, auf denen die Ponys nur selten auftauchen, begeisterten sich die Indianer fortan für englische Vollblüter und für die großen Zugpferde, die ihnen die Regierung zur Verfügung stellte, um aus ihnen Ackerbauern zu machen. In den 1920er und den 1930er Jahren war es für einen Indianer sogar leichter als für einen Weißen in vergleichbarer wirtschaftlicher Situation, an ein Vollblut zu kommen. Die Quarter Horses, die in den USA heute so verbreitet sind, traten erst kurz vor dem Zweiten Weltkrieg auf den Plan.

Noch heute begeistern sich die Indianer für Galopprennen mit Startboxen, Jockeys und Zielgeraden, für Staffelläufe nach indianischer Art mit drei Pferdewechseln und ohne Sattel, oder aber für Geländerennen nach Art des alten Pony-Express.
Schließlich sollte man auch die magische Beeinflussung der Rennpferde nicht unerwähnt lassen – das, was die Indianer als »Medizin« bezeichnen. Ethnologen, die im 19. und 20. Jahrhundert alte Leute befragten, sind sich einig, dass es Einzelne gab, die die Ergebnisse der Rennen zu beeinflussen verstanden, indem sie allerdings stärker auf die Konkurrenten einwirkten als auf das Pferd, dem sie zum Sieg verhelfen wollten.
Diese Praktiken waren von anderen, älteren abgeleitet, deren Ziel darin bestanden hatte, die Pferde bei der Jagd zu schützen, Wild anzulocken und Pferde leichter stehlen zu können.
Horse medicine bezeichnet sowohl die Macht, die der Reiter von seinem Pferd bezieht, als auch die Macht, die er über das Pferd hat, sowie die an den Tieren vorgenommenen Pflegemaßnahmen. Indianer sprechen nicht gerne über dieses Thema, da sie befürchten, man könnte sie beschuldigen, die Rennergebnisse durch Magie zu manipulieren.

MÄRKTE

Pferdemärkte eignen sich hervorragend, um sowohl die Pferde als auch ihre Anhängerschar näher kennen zu lernen. Manche Märkte finden nur einmal im Jahr statt und versammeln Hunderte, ja sogar Tausende von ausgezeichneten, viel versprechenden Tieren. Der Pferdebegeisterte könnte stundenlang ein Tier nach dem anderen begutachten – und wird sich immer wieder darüber ärgern, dass sein Geldbeutel so schmal ist.

Der Pferdemarkt kann jedoch auch ein Wochenmarkt sein, auf dem man neben Pferden alle möglichen anderen Tiere und Artikel verkauft. In diesem Fall werden vielleicht ein Dutzend mittelmäßige Pferde angeboten. Trotzdem könnte man hier ein Schnäppchen machen, an dem man noch lange Freude oder aber – was sicher häufiger der Fall ist – viel Ärger haben kann.

Immer wieder hört und liest man von Pferden, die unterernährt und struppig aussahen, sich jedoch bei guter Pflege und Ernährung zu außergewöhnlichen Talenten entwickelten. Sicher ist öfter das Gegenteil der Fall: Das rundliche, gut bemuskelte Pferd, das beim Vorführen viel Eifer zeigt, entpuppt sich als verschlissener Gaul mit geschädigten Gelenken. Man braucht wirklich viel Erfahrung, um ein gutes Pferd zu erkennen oder um zumindest zu vermeiden, ein schlechtes zu kaufen. Die Hausapotheke eines unehrlichen Pferdehändlers

Indien, Rajasthan

Im Morgenlicht erinnert die Szenerie an eine Landschaftsminiatur ohne Perspektive: Dünen, mit einzelnen Bäumen betupft, und ein Gewimmel von Menschen, Zelten, Pferden, Kamelen und Rindern mit langen, bemalten Hörnern.

Wie durch ein Wunder flackern aus der Asche der Feuer vom Vorabend neue Feuer auf, um die sich die Menschen scharen und dann leise unterhalten. Mädchen aus unteren Kasten nutzen die letzten Minuten der Dunkelheit, um sich zwischen die Tiere zu schleichen und darauf zu warten, dass sie Kot abgeben. Sie stehlen den Dung, noch bevor er den Boden berührt, und laufen schnell damit zu ihren Familien. Der Kot ist in diesem öden Land eine wahre Kostbarkeit. Die Mädchen formen ihn zu Leiben, trocknen diese und verkaufen sie als Brennmaterial.

Die Menschen, die in dieser eintönigen, buchstäblich einfarbigen Landschaft leben, verabscheuen Räume, die nicht geschmückt sind, und sie versuchen Farbe in ihr Leben zu bringen. Deshalb hüllen sich Männer wie Frauen in bunte Gewänder und schmücken sogar ihre Tiere jeden Morgen aufs Neue, um dann – einem wandelnden Blütenmeer gleich – über den Sand der Wüste zu ziehen.

Aus dem gleichen Grund gehören die Pferde von Rajasthan zu den farbenfrohesten der Welt. Sie stehen aufgereiht mit weit nach vorn beziehungsweise hinten gestreckten Beinen, was sie ein bisschen wie Kaninchen am Spieß aussehen lässt, und blicken resigniert auf das kleine Häufchen Futter, das vor ihnen liegt.

Man bindet ihnen die Vorderbeine zusammen. So sehen sie schöner aus, sagt man, und außerdem

kann man sie auf diese Weise ruhig halten. Dieser Brauch stammt noch aus jener Zeit, als in den Soldatenlagern Tausende von Hengsten zusammenkamen, die man gar nicht anders hätte bändigen und an Ort und Stelle halten können.
Die Pferde sind mit Wollfäden, Federn, Amuletten, kleinen Spiegeln, Silberpapier und Stoffen geschmückt und sehen aus wie Weihnachtsbäume auf vier Beinen. In anderen Breiten würden sie lächerlich erscheinen, vor dem eintönigen Hintergrund der Wüste aber wirken sie wie Pferde eines Königs.
Am Morgen tragen Frauen auf dem Kopf Heuballen herbei. Trotz ihrer niederen Kaste blicken sie hochmütig und streiten mit hohen, klagenden Stimmen. Die Rajput, stolze Soldaten, die sich ständig nach den Kriegen zu sehnen scheinen, in denen sie nie wieder kämpfen werden, prüfen das Heu mit verächtlichem Gehabe, um den Preis zu drücken.
»Der Rajput und sein Pferd sind auf gleiche Weise verbunden wie Mann und Frau«, pflegt man hier zu sagen. In Indien wird zwischen den Verpflichtungen, die mit der Zugehörigkeit zu einer bestimmten Kaste einhergehen, und dem Luxus nicht unterschieden: Sogar die ärmsten Rajputs müssen ein Schwert und ein Pferd besitzen, das ständig neben dem Hauseingang zu warten hat, nur für den Fall, dass der Rajput aufgefordert wird, in den Krieg zu ziehen.
Am Abend steht zwischen den Dünen plötzlich ein Wald, bestehend aus den knotigen Beinen der Dromedare, den mondsichelgroßen Hörnern der makellos weißen Rinder und den eigenartigen, wie Krummschwerter gebogenen Ohren der Pferde.
Wieder wird tausendundein kleines Feuer entzündet, um das sandige Reich dieser Könige in Lumpen zu wärmen und zu erhellen.
Und wieder erzählen die Menschen mit gesenkter Stimme alte Geschichten von Reitern, die noch im Tod unbesiegbar blieben, und von ungewöhnlichen Pferden, die mit einem einzigen Sprung die hohen Mauern von Bergfestungen überwanden.

ist gut gefüllt mit Mittelchen, die imstande sind, ein völlig erschöpftes und verbrauchtes Pferd für die Zeit des Marktes und des Heimwegs wie ein lebhaftes Fohlen wirken zu lassen.
Schwer lässt sich auch einschätzen, welcher Preis angemessen ist. Was ist ein Pferd wirklich wert? Zyniker meinen, das wäre leicht zu berechnen: Es genüge zu wissen, wie viel man für das Kilo Fleisch am Schlachthof bekommt; die übrige Summe entspreche dann dem Liebhaberpreis und man müsse sich entscheiden, ob einem das Pferd dieses Geld wert ist.
Die letztlich vereinbarte Kaufsumme, so viel gilt als sicher, ist dann nichts anderes als ein »Liebesakt« zwischen Käufer und Verkäufer, zu dem der Käufer durch seine Zuneigung zu dem von ihm begehrten Pferd bewegt wird, und der Verkäufer durch die Notwendigkeit, einen Kaufabschluss zu erzielen.
Der »Priester«, der diese »Vernunftehe« besiegelt, ist häufig der Vermittler, eine seriöse Person, deren Kompetenz und Ehrlichkeit man schätzt. Die Vermittlungsgespräche selbst entbehren nicht einer gewissen Dramaturgie, bestehend aus gewichtigen Handschlägen, rührigen Bekenntnissen, wie sie sonst nur im Beichtstuhl gemacht werden, und ernsten Mienen. In den Anekdoten, die die Vermittler erzählen, wimmelt es nur so von Dummköpfen, die sich übers Ohr hauen lassen, und von Angebern, die sich für Experten halten.
In dieser Inszenierung agieren immer drei Figuren: eine, die aus beruflichen Gründen oder aufgrund von Geldknappheit verkauft, die andere, die kauft, weil es ihr Beruf ist oder weil sie sich unsterblich in ein bestimmtes Tier verliebt hat, und dann natürlich noch das Pferd selbst.
Dies kann ein junges Fohlen sein, das noch neben der Mutter herläuft und aus dem alles oder nichts werden kann; eine unfruchtbare junge Stute, deren Bauch nur durch eine Scheinträchtigkeit aufgetrieben ist; ein müder, lahmender alter Hengst; ein hoffnungsloses Ross, das seinen Reiter jedes Mal abwirft, wenn es einen Fluss überqueren soll; oder eine fehlernährte Perle, die vom früheren Besitzer gründlich verkannt worden ist.
Auf den Pferdemärkten riecht es nach Equidenadrenalin, Leder und ranzigem Fett – ein Gestank, der normale Menschen anwidert und Pferdefreunde erregt. Die Gesichter und Gesten der Menschen zeigen, dass sie einer ländlichen Welt angehören, die aus (nicht unbedingt reichen) Herren und (nicht unbedingt armen) Knechten besteht, die sich durch ihr Aussehen, ihre Hände, ihre Haltung, ihre Art ein Pferd anzufassen und ihre Art zu reiten verraten. Hier gibt es noch Alte, die reiche Erfahrung besitzen, und Junge, die von ihnen lernen wollen. Natürlich fehlen auch nicht die Neugierigen – offenbar keine Pferdemenschen, weil sie ständig in Pferdemist treten und näher an die Tiere herantreten, als es ihnen gut tut.

Indien, Rajasthan
(Seiten 208–209)

China, Turkestan Kaschgar

Zu Pferde habe ich oft Orte erreicht, die so abgelegen waren, dass mir die Reise eher wie eine Reise durch die Zeit als durch den Raum vorkam. Der Markt von Kaschgar im chinesischen Turkestan ist einer dieser Orte.

Kaschgar liegt am Westrand des Tarimbeckens, an der Ostabdachung des Pamir, und an jener Straße, die allgemein als Seidenstraße bekannt ist.

In Wirklichkeit müsste man von Seidenstraßen sprechen, denn im Laufe der Geschichte und unter Einfluss der unterschiedlichsten politischen Situationen gab es mehrere Routen, die alle in Kaschgar zusammenliefen.

Eine dieser Routen verlief von Kaschgar aus nach Süden, vorbei am Pamir und an seinen mächtigen Ausläufern. Sie folgte dem Lauf des Indus, der im Sommer aufgewühlt und schlammig und im Winter klar und eisig ist. Im Westen verband eine andere Route die blühenden, reichen Städte Merv, Nisa, Samarkand und Herat.

Hier in Kaschgar wurde jahrelang das »Große Schachspiel« zwischen dem zaristischen Russland und dem britischen Empire gespielt, dessen »Figuren« als Jäger verkleidete russische Spione und als Pferde- und Kunstexperten verkleidete britische Spione waren. Die Briten suchten angeblich nach Hengsten, um das Niveau indischer Zuchten anzuheben, oder taten, als forschten sie nach Kunstschätzen oder archäologischen Fundorten.

In dieser Zeit waren die schlammigen Fahrrinnen von Kaschgar echte Abgründe, in denen Kinder verschwinden und Wagen mitsamt Zugtieren stecken bleiben konnten. Die Gebäude des russischen und englischen Konsulats stehen noch, als Zeugen einer nicht allzu fernen Vergangenheit.

Jeden Sonntag findet in Kaschgar ein Markt statt, der den Besucher sehr exotisch anmutet. Dabei sind alle Völker der Region vertreten und man kann ein Sammelsurium der unterschiedlichsten Kopfbedeckungen bewundern: Husarenmützen, Hüte mit Seitenklappen, mehreckige oder bestickte Kappen, und dazu die verschiedensten Bärte und Gesichtszüge, entweder mit dunklen Schlitzaugen oder runden Augen, die hell und klar wie Wasser sind.

In Kaschgar treffen die Vertreter zweier großer Sprachfamilien aufeinander. Der einen gehören Kirgisen, Uiguren und Kasachen an, der anderen die Tadschiken, die ein bisschen den Bewohnern des alpinen Savoyen auf alten Schwarzweißfotos ähneln.

In einer Ecke des Marktes, zwischen erstaunlich vielen Fellen von Schneeleoparden und Lämmern aus Astrachan, absatzlosen Stiefeln aus weichem Leder, russischen Samowars aus Weißblech, geblümten chinesischen Plastiktabletts, gestopften Soldatenmänteln, Wagen, die von winzigen Eseln gezogen werden, inmmitten der Gerüche von frischem Brot, Hammelfett und gegrilltem Fleisch, umgeben vom Lärm, der an solchen Orten herrscht – hier also befindet sich der Viehmarkt mit Schafen, die überdimensional dicke Schwänze haben – und Pferden.

Im Sommer brennt die Sonne heiß vom Himmel herab und die Reiter flüchten sich in den einzig vorhandenen Schatten – den, den ihre Tiere spenden. Hier stehen Hunderte vierrädriger Karren samt dazugehöriger Pferde, deren Geschirre mit großen Glasperlen verziert sind. Die Wagen sind mit grüner, frischer Luzerne beladen, die sich scharf von den gedeckten Tönen der Landschaft abhebt. Sie wirkt so einladend, dass sich die Käufer beim Prüfen Zeit lassen und ihren Duft genießen.

Früher belieferte Turkestan alle benachbarten Gebiete mit guten Pferden. In Ladakh erwartete man bis in die 1950er Jahre hinein immer gespannt die Karawanen, in der Hoffnung, sie könnten ein gutes Reise- oder Polopferd mitbringen.

Potenzielle Käufer und Neugierige probieren die Pferde aus, deren Schweif so verknotet ist, wie es bei den Pferden der Reiterstatuen aus der Tang-Dynastie üblich war. Der Sattel besteht aus bemaltem oder mit Perlmutt verziertem Holz. Je schöner der Sattel, desto wahrscheinlicher bleibt er unter einer nichts sagenden Lederdecke verborgen.
Die Decken aus geknüpfter oder gewebter Wolle enthalten häufig Swastika, alte Symbole, die im oder gegen den Uhrzeigersinn drehen und auf eine Zeit zurückgehen, in der die heute überwiegend islamische Region noch buddhistisch war. Die Ornamente findet man auch als Brandzeichen auf der Haut der Tiere und auf den Satteldecken wieder.
Wie um den Leuten Recht zu geben, die behaupten, die verschiedenen Hauspferderassen hätten sich aus unterschiedlichen Ursprüngen entwickelt, kann man hier eine große Vielfalt an Pferden bewundern, ein Eindruck, der auch während der weiteren Reise durch den Pamir laufend bestätigt wird.
Da gibt es zum Beispiel die kleinen »turko-mongolischen« Pferde, die robust und struppig sind, einen schweren Kopf und einen dicken, dreieckig wirkenden Hals haben, aber auch die »indo-europäischen« Tiere, deren Kopf feiner geformt ist und deren Hals harmonischer wirkt.
Inmitten von Freunden, Verwandten und professionellen Vermittlern, die alle gute Ratschläge geben, prüfen die Käufer gründlich die in Frage kommenden Tiere. Sie gehen um sie herum, begutachten sie aus allen Blickwinkeln, tasten Beine und Wirbelsäule ab, ziehen sie am Schweif, um ihre Kraft zu messen, und werfen einen kritischen Blick in das Maul des Tiers.
In Kaschgar wie auch anderswo kann man aus einem Pferdemaul viel »erfahren«: Das Alter des Tiers natürlich – wenn auch einige Völker wie zum Beispiel die Griechen der Antike an den Zähnen nicht das Alter eines Pferdes unter fünf Jahren ablesen konnten. Außerdem kann man aufgrund von Bissnarben auf der Zunge etwas über den Habitus eines eventuell erkrankten Tiers erfahren. Ein Pferd, das sich weigert die Trense anzunehmen, kann unter Verletzungen im Bereich des Mauls leiden. Ein fauliger Geruch ist ein sicherer Hinweis auf Entzündungen.

Auch heute noch bekommt man sehr schöne Tiere mit kräftiger Brust und üppiger Mähne zu sehen, und fast alle sind Passgänger.
Die Verkäufer reiten – die Peitsche in der Hand, die Beine in die Steigbügel gestemmt, den Oberkörper weit zurückgelehnt – ungerührt durch die Menge der Schaulustigen, ohne sich im Geringsten darum zu kümmern, ob ihr Pferd unaufmerksame Fußgänger niederrennt.

Portugal, Golegã Markt von Sankt Martin

Portugal ist an sich schon ein Land, in dem sowohl Pferde als auch die Reitkunst eine ungewöhnlich große Rolle spielen. Zum Fest des heiligen Martin Anfang November dreht sich in Golegã dann aber einige Tage lang wirklich alles nur noch um das Pferd. Das Örtchen verwandelt sich in ein Zentrum der lusitanischen Reitkunst, während es das übrige Jahr hindurch nichts anderes als ein winziges Dorf ist, das sich an die Ufer des Tejo schmiegt und von fruchtbaren Feldern umgeben ist.
Seit dem frühen 19. Jahrhundert und vielleicht auch schon früher findet in Golegã diese große Messe statt, auf der sich mehr als 2000 Pferde und 600 000 Besucher aus Portugal, Spanien, Frankreich, Deutschland und sogar aus Japan tummeln.
Die Spanier, die heute kommen, um Pferde zu erwerben, verkauften hier früher ihre Maultiere. In den Tagen der Nelkenrevolution im April 1974, die sich auf den portugiesischen Pferdebestand denkbar negativ auswirkte, schickte man tausende hervorragender Tiere in den Schlachthof. Damals schien der Viehmarkt nach alter Art seine Daseinsberechtigung verloren zu haben. Während der Landreform kauften dann die Spanier zu niedrigsten Preisen die besten Tiere und retteten sie auf diese Weise.
Eine Zeit lang zeigte sich niemand mehr mit seinen Pferden auf dem Platz von Golegã. Dann aber lebte die Leidenschaft für das Pferd wieder auf und blühte heftiger den je zuvor. Dieser Erfolg ist den einfachen Leuten zu verdanken, den alten Damen in ihren schwarzen Schürzen und den stattlichen Herren mit den rundlichen Gesichtern, die unzählige Kilometer weit fahren und, wenn es sein muss, auch die Nacht im Bus oder Auto verbringen, nur um den Anblick der ruhigen, kraftvollen Schönheit der lusitanischen Pferde zu genießen.

In Golegã stellen die erfolgreichsten Lusitanozüchter des ganzen Landes ihre Pferde zur Prämierung vor. Traditionell präsentiert man die jungen Fohlen, mit denen man im Frühling zu arbeiten begonnen hat und die man nach anderthalbjähriger Ausbildung offiziell in der Arena reiten wird. Portugiesische, spanische und französische Toreros zu Pferde begutachten die neue Generation, probieren die Tiere aus und versuchen zu erraten, welche der jungen Kandidaten sich für den Stierkampf eignen könnten. Rund um den Platz von Golegã stellen die großen Züchterfamilien ihre pavilhöes aus Holz auf. Dies sind kleine, geschmackvoll gestaltete Häuschen, die mit Lampions, bunten Decken und Familienfotos ausgestattet werden. Ein großes Fenster geht auf den Platz hinaus und ermöglicht es, zusammen mit eingeladenen Freunden und potenziellen Kunden zu essen und zu trinken und dabei die Pferde zu beobachten. Die zum Verkauf stehenden Tiere werden vorher schön gemacht. Man flechtet ihre Mähnen und hält die Ständer tadellos sauber.

Auf Portugiesisch reimt man: »São Martinho castanha e vinho«, und tatsächlich sind die beiden anderen wichtigen Zutaten des herbstlichen Viehmarktes die Esskastanien und água pé, eine Art Traubenmost mit geringem Alkoholgehalt. Der Duft der gerösteten Kastanien legt sich über die Landschaft – und unter dem Einfluss des água pé scheinen die nur noch als verschwommene Umrisse erkennbaren Pferde auch mehr das Werk von Erdgeistern zu sein als das von natürlicher Vermehrung und menschlicher Zuchtauswahl.

Ab drei Uhr nachmittags ziehen die Reiter mit ihren Pferden geordnet und gelassen auf dem Sand des Platzes ihre Kreise, aus Spaß am Reiten, aber auch um die Qualität ihrer Pferde zu zeigen. Immer wieder führen sie Passagen, Piaffen, Schenkelweichen, Schulter herein, Schulter heraus vor und geben sich damit auch als gläubige Anhänger der orthodoxen Prinzipien der französischen Schule zu erkennen.

In der Hand der nach englischer oder portugiesischer Art gekleideten Reiter fehlt nie die lange, biegsame Gerte, die oft mit einem kleinen silbernen Pferdekopf geschmückt ist. Diese Gerten, die den lusitanischen Reitern unentbehrlich zu sein scheinen, werden in Golegã in großen Mengen verkauft.

Nicht einmal die sinkenden abendlichen Temperaturen hindern die Reiter am Reiten oder die Zuschauer am Zusehen. Es genügt eine Tüte Kastanien, um sich die Hände aufzuwärmen und noch lange Stunden in der feuchten Dunkelheit auszuharren und beinahe andächtig die göttliche Schönheit der lusitanischen Pferde zu bewundern.

Die schweigsamen, allgegenwärtigen campinos sind die heimlichen Regisseure und Organisatoren dieser Pferdeschau. Diese Männer, die das übrige Jahr mit den Rindern arbeiten, tragen eine Kleidung, die an die der Gnomen in Märchen erinnert. Tatsächlich geht sie auf die Wickeltücher zurück, die sich die Ritter unter den Rüstungen umlegten, um ihre Haut vor dem Reiben des Metalls zu schützen.

Die campinos kümmern sich um die Pferde, lenken sie, bilden sie aus und helfen – erfahren und pragmatisch, wie sie als Landarbeiter sind – den Züchtern bei der Auswahl.

Der heilige Martin breitet seine schützende Hand über das ganze Fest aus und verhindert, dass die kleinen schwarz gekleideten alten Damen, die Kinder, die sorglos zwischen den Pferdebeinen herumlaufen, und die Betrunkenen, die sich in Anfällen mystischer Pferdeliebe an Pferdehälse klammern, von den Tieren unabsichtlich umgeworfen oder getreten werden.

Hinter den hohen Toren, über denen die Zeichen der Züchter prangen, liegen herrliche Gärten, die weitere vierbeinige Kostbarkeiten bergen. Wer das Durcheinander der Menge, den Geruch der Kastanien und die Rufe der Verkäufer hinter sich lassen will, findet hier eine beschauliche Zuflucht und kann die unter den Arkaden zum Verkauf ausgestellten Pferde in aller Ruhe betrachten.

Das ist der Markt von Golegã: die schönsten lusitanischen Pferde, die behutsamsten und begabtesten portugiesischen Reiter, kleine Kinder, die auf großen Pferden Piaffe reiten, die unglaublichste Sammlung an Koteletten und Schmachtlocken des gesamten Kontinents – sie alle kommen an der westlichsten Spitze Europas zusammen und machen diese Pferdemesse nach alter Art zu einer der schönsten.

Portugal, Golegã
(Seiten 216–217)

Irland – Markt von Cahirmee

Den Einwohnern zufolge ist der Markt von Cahirmee die Fortführung des uralten Marktes von Adnach Colmain, der im 6. Jahrhundert n. Chr. abgehalten wurde. Er findet in der County Cork neben weiteren 150 informellen Märkten statt. Zwar könnte die Vorgeschichte bloße Legende sein; historisch belegte Tatsache ist aber, dass er seit über 200 Jahren existiert. Die Stadt Buttevant, in der der Markt abgehalten wird, ist seit dem 17. Jahrhundert für ihre Küche und ihre Renn- und Jagdpferde bekannt, die im Gelände und auf der Rennbahn große Leistungen erbracht haben.

Früher war der Markt auch ein Treffpunkt, an dem man Briefe austauschte und erfahren konnte, wie es weiter entfernt lebenden Freunden und Verwandten ging. Man traf hier Pferdeliebhaber aus allen gesellschaftlichen Schichten und mit unterschiedlichsten Vermögensverhältnissen, vom Grafen von Shannon bis hin zum einfachen Kesselflicker.

Es war eine kosmopolitische, ja geradezu exotische Veranstaltung und die Käufer kamen unter anderem aus Österreich, Frankreich, Italien, Spanien, Belgien, Russland, Deutschland und der Schweiz. Anlässlich des Marktes malten die Bewohner des Ortes sogar Fresken auf ihre Hauswände.

Auf dem Markt konnte man auch Einfluss auf sein Schicksal nehmen. Ein alter Pferdeknecht erzählte mir, dass ihm in einem Jahr eine schöne rothaarige Zigeunerin aufgefallen war, die einem reichen Amerikaner die Zukunft vorhersagte. Einige Jahre später hatte er das Mädchen wiedergesehen. Jetzt war sie wie eine Dame gekleidet, ritt eine Fuchsstute und befand sich in Gesellschaft des Amerikaners, dessen Frau sie inzwischen geworden war.

Die so genannten travellers *kennt man seit 1870. Diese irischen Fahrenden sind keine Zigeuner oder Sinti, ziehen aber seit der großen Hungersnot mit Wohnwagen über die Straßen Irlands, benutzen eine Geheimsprache und besitzen sehr auffällige Pferde. Sie bevorzugen Schecken, die vorwiegend im Trab gehen und mit denen sie sich auf der Straße rasante Rennen liefern.*

Die Geschichte des Marktes von Cahirmee repräsentiert auch einen Teil der Geschichte Irlands. Gegen 1740 begannen die Adligen Füchse zu jagen. Sie kamen hierher, um sich gute Jagdpferde auszusuchen. Ende des 18. Jahrhunderts, vor der Schlacht von Waterloo, dauerte der Markt fünf Tage und es wurden 3000 Pferde feilgeboten.

Angeblich wurde auch Marengo, der berühmte Araberhengst, den Napoleon in der Schlacht von Waterloo ritt, auf dem Markt von Cahirmee erstan-

den. (Eine andere Version gibt allerdings als Ort dieses geschichtsträchtigen Verkaufs einen anderen berühmteren Pferdemarkt an, den von Ballinasloe.) Das Gleiche wurde übrigens auch von Wellingtons Pferd Copenhagen behauptet.
Nach Waterloo folgte eine Wirtschaftskrise und zwischen 1815 und 1870 konzentrierten sich die Exporte auf die britischen Inseln.
Erst der Bau der Eisenbahnlinie Dublin – Cork belebte den Markt erneut. 1890 schickte man 200 Wagons voller Pferde nach Cahirmee. 1910 wurden 6500 Tiere verkauft und auf das europäische Festland ausgeführt. Dies sollte allerdings das letzte ruhmreiche Jahr gewesen sein. Die Enthusiasten der Fuchsjagd wurden an die Front geschickt und der Markt erholte sich nie wieder von der Krise, die der Erste Weltkrieg ausgelöst hatte. 1915 war ein Pferd, für das man zu anderen Zeiten 400 Pfund gezahlt hätte, nur noch 150 Pfund wert. 1921 kamen nur noch 14 Wagons zum Markt und die Käufer waren ausschließlich Engländer.
Buttevant ist jedoch auch aufgrund eines anderen Ereignisses berühmt, das Eingang in den Reitsport fand. Nur wenige wissen, dass hier 1752 erstmals ein steeplechase oder Jagdrennen stattfand. Grund war eine Wette zwischen einem Mr. O'Callaghan, der sie gewinnen sollte, und einem Mr. Bourke (der auch als Mr. Blake geführt wird). Der Einsatz war eine Tasche voller Guineen. Die Strecke verlief über sieben Kilometer, vom Kirchturm von Blessed Bridget zu jenem von Saint-Mary in Donerail. Unterwegs mussten zwei Wasserläufe überquert werden. Seitdem ist das zweimalige Überqueren von Wasser Bestandteil aller klassischen steeplechases, die auch heute noch ausgetragen werden.

Irland
Bei den beliebten Wettbewerben in der Führzügelklasse führen tadellos zurechtgemachte Eltern ebensolche Kinder auf ebensolchen Pferden vor. Punkte gibt es für gutes Aussehen und die gute Haltung zu Pferde *(ganz oben)*.

Irland
Hier das irische Rezept, um ein Pferd von einer Erkältung zu heilen: ein Pint Guinness erhitzen, Ingwer dazugeben und das Gebräu dem (natürlich irischen) Pferd einflößen, das am nächsten Morgen wieder gesund sein wird.

ZÄUMUNGEN

ZÄUMUNGEN

Türkei
Die Pferde des *cirit* sind Araber mehr oder weniger reinen Geblüts; ihr perlenverziertes Zaumzeug ist arabischen Ursprungs *(Seiten 220–221).*

Mongolei
Die Sieger des mongolischen Reiterfestes Nadaam tragen ihre Medaillen nicht auf der Brust, sondern auf der Stirn *(oben).*

Form und Material der Reitausrüstung sind oft gleichermaßen durch Funktionalität und Schönheit bestimmt. Es ist, als würde sich die Schönheit des Pferdes auf die Haltung des Reiters und auf die Gegenstände übertragen, mit denen beide täglich zu tun haben – auf Gebiss, Steigbügel, Sporen, Sattel, Decken, Stiefel und Kleidung.

Die Schönheit dieser Dinge liegt nicht nur in ihrer ästhetischen Ausgestaltung, sondern ganz wesentlich auch in ihrer Zweckmäßigkeit begründet. Derjenige, der Hals und Kopf des Pferdes beherrscht, beherrscht das gesamte Tier.

Mithilfe seiner Hände, seiner Beine und seiner Stimme zwingt der Mensch dem Pferd seinen Willen auf. Das Gebiss verstärkt die Bewegungen der Hände, die Sporen unterstreichen und verstärken die Bewegungen der Beine. Die Stimme bedarf keiner Hilfsmittel; sie beruhigt oder regt an. Jedoch können Peitsche oder Gerte durch leichtes Anticken oder durch einen heftigen, Schmerz erzeugenden Schlag die Stimme unterstützen. Jene Völker Asiens, deren Reitkunst weniger ausgereift ist, setzen keine Sporen, sondern die Peitsche ein.

In der antiken Welt nannte man die Sporen auch *myops,* Bremse, nach dem lästigen Insekt, das alle Pferde so sehr hassen – eine Bezeichnung also, die selbst den Pferden einleuchten würde. Im Maghreb und in Spanien sahen die Sporen einst wie Dolche aus. Es hieß, ein guter Reiter müsse imstande sein,

USA
Stirnschmuck aus Perlen und Pferdehaar im Stil der Crow.

Frankreich, Camargue

Seden nennt man ein aus Pferdehaar geflochtenes Seil *(unten)*.

Italien, Sardinien *(1)*

Die Frauen nähen wochenlang an den Rüschen, mit denen die Helden der *sartiglia* ihre Pferde schmücken.

Oman *(2)*

Möge Gott mein Pferd segnen!

Pakistan *(3)*

In heißen Ländern können die Fliegen sehr lästig sein.

Peru *(4)*

Tapa ojos (Scheuklappe) und Zaumzeug, aus feinem Ziegenleder und Silber geflochten.

Pakistan *(5)*

Mit Kajal geschminktes Auge und silberne Patronen.

mit der Spitze seines Sporns *La Illah Illallah* auf die Flanke seines erschöpften Pferdes zu schreiben; dies würde reichen, um dem Tier neue Kraft zu verleihen. In Afrika und im Nahen Osten setzte man in früheren Zeiten den scharfen Steigbügelrand als Sporn ein. In Südamerika sehen auch heute noch manche Sporen wie kleine Sonnen aus. Ihre Spitzen sind scharf wie die Dornenkrone von Jesus von Nazareth und wohl deshalb nannte man einen bestimmten Typ Sporen in Argentinien und Chile *nazarenas*. Dagegen heißen sie in Kolumbien *orejones* und in Ecuador *roncadores*. Sie können aus Silber, Bronze oder Schmiedeeisen sein und mit Riemen aus verziertem Leder befestigt werden. In Lateinamerika tragen sogar die Gespenster Sporen, die man klirren hört, wenn sie über die Innenhöfe der Bauerngüter schleichen.

Die Bestandteile des reiterlichen Zubehörs können Bewunderung, aber auch Schrecken erregen. So gab es in Zentralasien und Nordamerika eine Zeit, in der man die Pferde mit den abgeschlagenen Köpfen oder den Skalps der Besiegten schmückte. In noch fernerer Vergangenheit trugen die Pferde Masken aus Gold, die sie wie Hirsche oder Steinböcke aussehen ließen, wie wir durch Überreste aus skythischen Reitergräbern aus dem Altai wissen. In Mittel- und Südamerika wurden Pferde durch Panzer und Polster vor angreifenden Jaguaren geschützt.

Heute tragen die Pferde im Norden Argentiniens seitlich am Sattel angebrachte, Flügeln nicht unähnliche Lederschilde, sodass sie fast ein bisschen wie Pegasus aussehen. Bei der Suche nach Rindern in dornigem Gestrüpp schützen diese Schilde die Beine des Reiters davor, zerkratzt zu werden.

Das Mundstück kann aus einem Lederriemen bestehen, manchmal ist es auch ein Meisterwerk aus Bronze oder Eisen. Beim Reiten ist es unsichtbar, denn es verschwindet im Pferdemaul. Bestimmte scharfe Zäumungen der Renaissance, komplizierte barocke Mechanismen sowie afrikanische oder maurische Gebisse verletzten das Maul des Reittiers so, dass es blutete. Das blutende Pferdemaul führte wiederum dazu, dass afrikanische oder amerikanische Sagen von Pferden erzählen, die sich von Menschenfleisch ernähren. Auch in Indien und bei den Skythen gab es grausame Mundstücke, die es dem Reiter erleichtern sollten, das Pferd im Chaos der Schlacht präzise zu lenken.

Indien, Rajasthan *(6)*

Schon zwei bunte Pompons machen aus einem gewöhnlichen Pferd ein königliches Reittier.

1

2

3

4

5

6

Turkmenistan *(1)*
Handwerkskunst versteht es, aus einem alltäglichen Gegenstand ein Luxusobjekt zu machen.

Turkmenistan *(2)*
Eine Muschel oder ein Schlangenkopf und ein Stück aus besonderem Holz beschützen dieses Yomud-Pferd.

Äthiopien *(3)*
Der Kopfzaum mit Metallplaketten erinnert an Zaumzeuge, die die Skythen vor rund 2300 Jahren verwendeten.

Turkmenistan *(4)*
Am Halsriemen, der wie ein kleiner Teppich aus Wolle geknüpft ist, wird das Pferd mit einem Seil aus Ziegenhaar an einen Pflock gebunden.

Tibet *(5)*
Halsriemen, verziert mit Glöckchen und Glückssymbolen.

Italien, Sardinien *(6)*
Das Vorderzeug, das beim Fest zu Ehren des heiligen Konstantin getragen wird, erinnert fast an priesterlichen Schmuck.

Turkmenistan *(7)*
Silber und Karneol für einen glorreichen Achal-Tekkiner.

Turkmenistan *(8)*
Auch wer wenig Geld besitzt, kann sein Pferd geschmackvoll dekorieren: mit Wolle und mit alten Mustern, deren symbolische Bedeutung heute niemand mehr kennt.

Argentinien *(9)*
Barocke Schnallen am Halsriemen eines Gauchopferdes aus Corrientes.

1

2

3

4

5

6

7

8

9

1

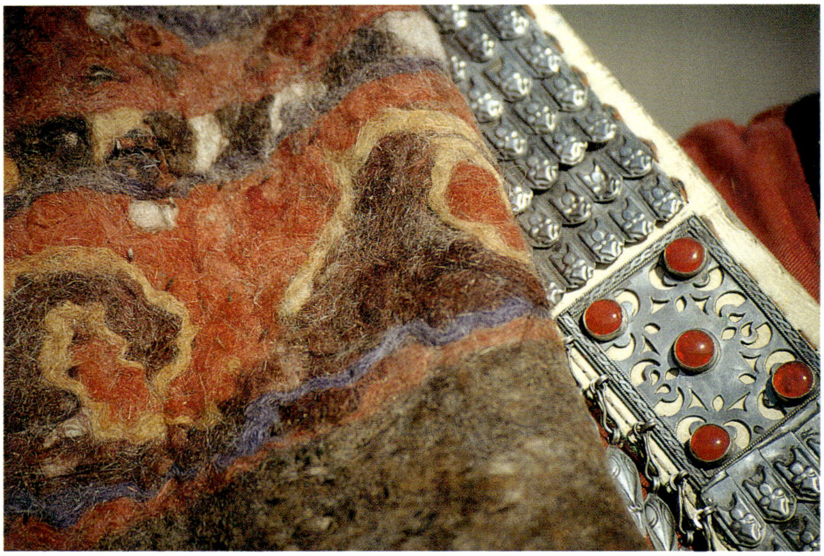

2

Italien, Sardinien *(1)*
Ein weiteres prachtvolles Vorderzeug, das auf dem Fest *San Constantino Magno* – zu Ehren des heiligen Konstantin – angelegt wird.

Turkmenistan *(2)*
Zu Mustern zusammengesetzter Filz: Der gefärbte Filz wird gerollt und geschlagen, bis er sich mit dem Grundgewebe, einem Filz anderer Farbe, verbunden hat.

Turkmenistan *(3, 4)*
Dieses Zaumzeug, das der Schönheit der Achal-Tekkiner angemessen ist, besticht durch seine elegante Kombination von Silber mit dem Halbedelstein Karneol.

3

Argentinien
In Corrientes tragen die Gauchos Überhosen aus gestreiftem, festem Leinen *(oben)*.

Indien, Rajasthan
Wunderschön gearbeiteter Bronzesteigbügel *(unten)*.

Kamerun
Strumpfstiefel aus Ziegenleder, der es erlaubt, quasi barfüßig in die Steigbügel zu steigen *(Seite 231)*.

Eine revolutionäre Erfindung: der Steigbügel

In der Geschichte der Reitkunst stellte die Erfindung des Steigbügels eine regelrechte Revolution dar. Xenophon, Verfasser der frühesten überlieferten Reitlehre, musste dem Reiter noch raten, sich an der Mähne festzuhalten, um beim Sprung über ein Hindernis nicht vom Pferd zu stürzen.

Manche Historiker schreiben die Erfindung des Steigbügels den Sarmaten zu, den Nachfolgern der Skythen, die zwischen Schwarzem und Kaspischem Meer lebten, doch weiß man nicht, seit wann mit Steigbügel geritten wird. Parther, Griechen und Römer kamen jedenfalls ohne Bügel aus.

Wahrscheinlich verwendete man im 1. Jahrhundert n. Chr. in Asien einen Lederriemen als Aufstieghilfe. Der erste Steigbügel, den man im Abendland zu sehen bekam, könnte auf einer Schachfigur dargestellt gewesen sein, die der Kalif Harun al Raschid – zusammen mit dem übrigen Spiel – im Jahre 800 Karl dem Großen schenkte. Man erzählt aber auch, dass schon im Grab von Karl Martell ein Steigbügel gefunden wurde und dass Kaiser Maurikios von Konstantinopel einen solchen bereits Ende des 6. Jahrhunderts in einer Abhandlung über die Kriegskunst der Goten erwähnte.

Die erste urkundliche Erwähnung des Steigbügels im eigentlichen Abendland erfolgte zu Beginn des 9. Jahrhunderts in der Handschrift *Apocalypse de Valenciennes*. Danach wurden die literarischen und künstlerischen Belege immer zahlreicher.

Etliche Jahrhunderte später kam man dann auf die Idee, die Steigbügel zu verkürzen. Bis dahin hatte man sie lang gelassen und war mit gestreckten Beinen geritten. Dank der kürzeren Bügel saß der Reiter sicherer und hielt besser die Balance; zudem behinderte er weniger die Bewegungen des Pferdes. Er konnte sich über den Kopf der Pferdes erheben, besser mit den Schenkeln auf sein Tier einwirken und Hindernisse leichter überwinden.

Steigbügel sind auf der ganzen Welt unterschiedlich: Im Norden Thailands werden sie aus Ruten geflochten, in Tibet und der Mongolei aus zweierlei Metall geschmiedet und mit sich aufbäumenden Drachen verziert. Die Birmanen bevorzugen Bronzeringe, in die sie mit bloßen Füßen steigen. In Europa und Asien gab es zeitweise geschlossene Steigbügel, in die man glühende Kohlen füllen konnte, um die Füße einige Stunden lang warm zu halten.

Argentinien, Patagonien *(1)*
Einfacher indianischer Steigbügel aus Leder und Holz; außerdem zu sehen: *bota de potro,* der lederne Strumpfstiefel aus der Haut eine Fohlens oder eines anderen Tiers, hier mit einem hölzernen Sporn ergänzt.

Mexiko *(2)*
Auffällig ist die schlichte Eleganz der Ausrüstung dieses städtischen *charro.*

Argentinien, Corrientes *(3)*
In sehr heißen Gegenden ist es eine Qual, beim Reiten Stiefel zu tragen.

Mexiko, Michoacán *(4)*
Steigbügel des Typs *tapadera:* In den Subtropen reitet man bevorzugt barfuß. Hier wird der Fuß von einem vorn geschlossenen Bügel und einer Sandale geschützt.

Mexiko, Veracruz *(5)*
Steigbügel, Stiefelette und Sporn eines Vaquero von der tropischen Küste.

Italien, Maremma *(6)*
Derber Schnürstiefel mit Militärgamasche und Sporn aus Schmiedeeisen in einem schlicht geflochtenen Bügel.

USA, Montana *(7)*
Mit Perlen verzierte Mokassins und Westernsteigbügel aus Holz und Metall, wie sie die Blackfoot tragen.

USA, Montana *(8)*
Die prachtvollen *tapaderas* der Crow aus bemaltem oder perlenbesticktem Leder lassen einen gewöhnlichen Westernsattel richtig »indianisch« aussehen.

Ecuador *(9)*
Die Überhosen oder *zamarros* können aus dem Fell von Puma, Seehund, Hund, Wolf, Hirsch oder eines Bären gefertigt sein. Die besten aber, die Wasser am stärksten abweisen, bestehen aus dem Fell einer alten Ziege. Das Lasso des *chagra* aus gedrehtem Leder ist mit 45 Metern das längste der Welt. Die vorn geschlossenen Holzsteigbügel, *zapatones* oder *tarabas* genannt, schützen vor Rinderhörnern und Felsen, halten den Fuß trocken und helfen dem Reiter, der in ihnen nicht hängen bleiben kann, im Sattel das Gleichgewicht zu halten.

1

2

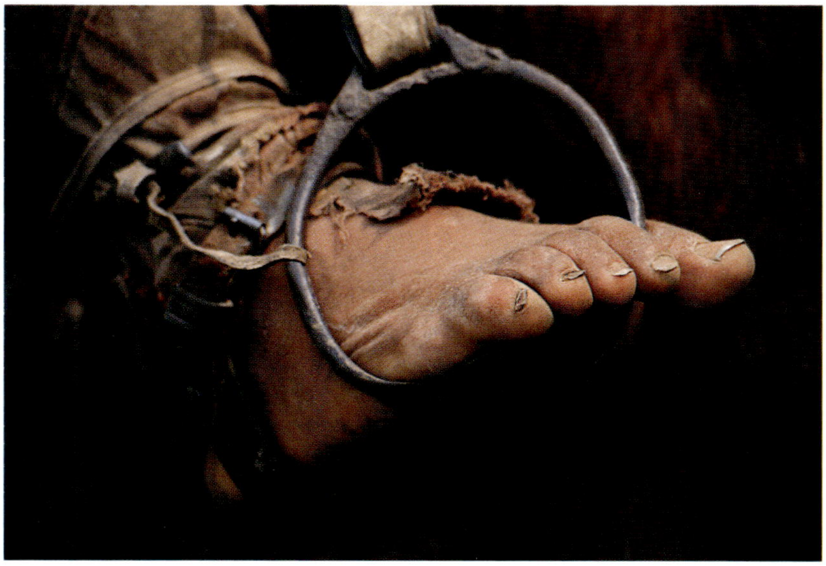

3

4

5

6

7

8

9

Mexiko *(1)*

Chivarras, Überhose aus Ziegenfell, und große Silbersporen.

Peru *(2)*

Schöner und bequemer Sattelüberwurf aus Ziegenfell; die Steigbügel bestehen aus Edelholz und Silber.

Mexiko *(3)*

Spitzen und Silbersporen für eine *adelita,* eine mexikanische Amazone.

Portugal *(4)*

Geschlossener Steigbügel des Typs *a caixa,* in den das Familienwappen oder das Zeichen des Züchters eingearbeitet ist.

Portugal *(5)*

Typisch lusitanischer Stiefel mit flachem Absatz und Rädchensporen.

Italien, Sardinien *(6)*

Steigbügel, wie er im Karneval beim Fest der *sartiglia* verwendet wird.

USA, Montana *(7)*

Prunkvolle *tapaderas* der Crow aus bemaltem Leder an einem Westernsattel.

Pakistan *(8)*

Militärgamaschen, mit bunten Pompons verziert und für das Polospiel verwendet.

Frankreich *(9)*

Weil der Paukenschläger im Musikkorps der *garde républicaine* beim Musizieren die Hände nicht frei hat, führt ein Teil der Zügel zu seinen Füßen, mit denen er sein Tier lenkt. Wenn das Korps im Trab vorbeidefiliert, nimmt der Paukenschläger die Zügel in die linke Hand und hält nur rechts einen Trommelschlegel. Die Pferde des Musikkorps sind hellbraun, nur das die Pauke tragende Pferd ist grau.

Kamerun *(Seiten 236–237)*

1

2

3

4

5

6

7

8

9

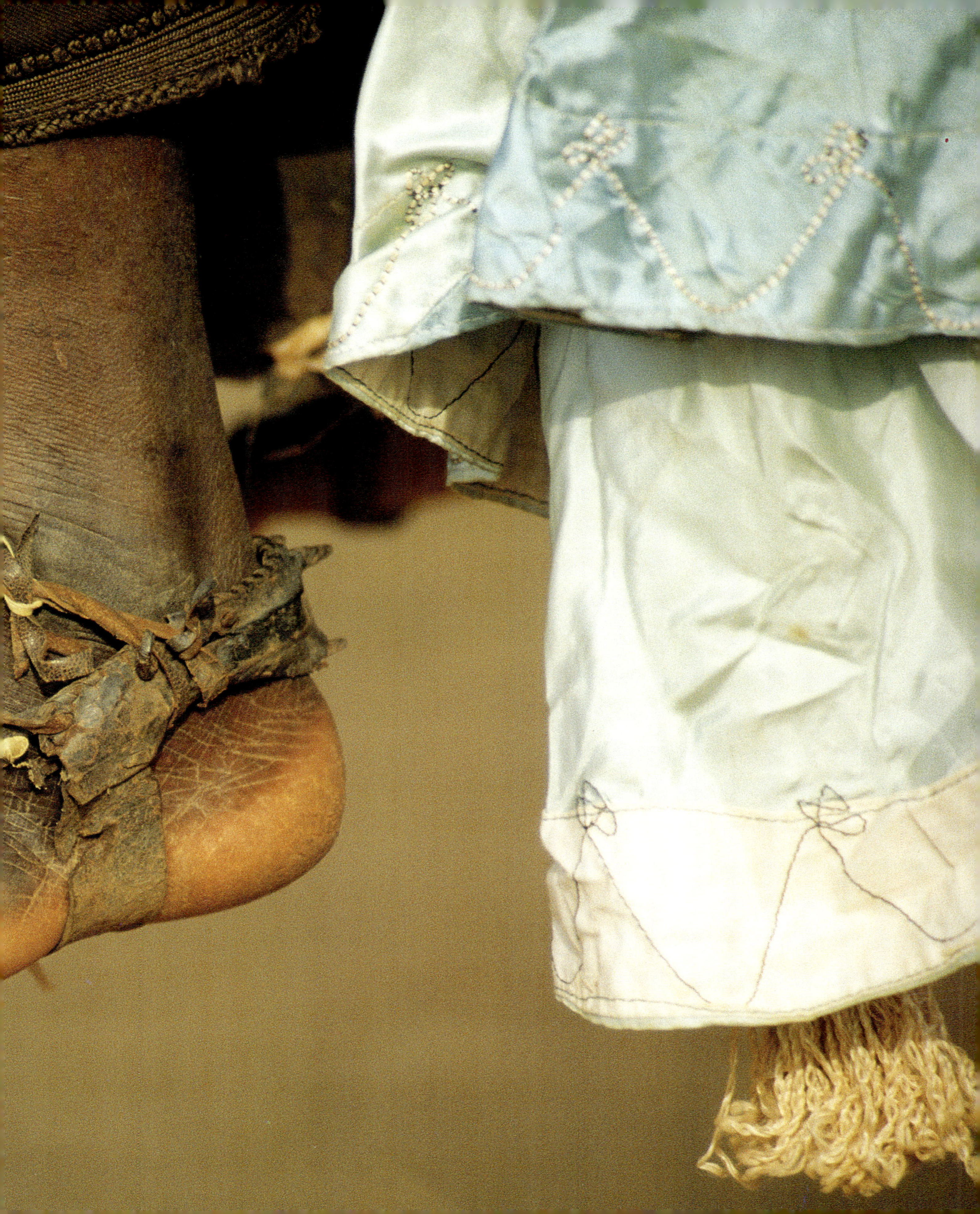

USA

In der Welt der Reiterei, in der mittlerweile eindeutig der Trend zur Einförmigkeit vorherrscht, zählen die USA zu den wenigen Ländern, in denen man noch an der Vielfalt der Formen von Stiefeln, Steigbügeln und Sporen Gefallen findet.
Eines Tages, als ich gerade auf einer Ranch in Alberta, Kanada, angekommen war, auf der ich einige Zeit lang aushelfen wollte, erzählte man mir einen Witz, mit dem ich mich später bei den Cowboys von Montana und Wyoming beliebt machte.
»Was ist der Unterschied zwischen einem echten Cowboy und einem Versandhauscowboy (der sein Outfit aus einem Versandhauskatalog bezieht)? Antwort: Beim echten Cowboy klebt Mist an den Stiefeln.«
Im Grunde geht es in dem Witz um den Cowboystiefel, der ein Meisterwerk an sich ist und in dem häufig über 50 Stunden Arbeit stecken – die Arbeitsstunden, die zusätzlich für aufwändige Verzierungen nötig sind, noch gar nicht mitgerechnet.
Im Laufe der letzten 150 Jahre machte dieser Stiefel eine bemerkenswerte Entwicklung durch. In den ruhmreichen Zeiten der großen Viehtriebe trugen die berittenen Hirten noch Soldatenstiefel, die mit den heutigen Cowboystiefeln sehr wenig gemeinsam hatten.
Die heutigen Stiefel sind spitzer, sodass man schneller in den Steigbügel schlüpfen kann. Doch auch für Notsituationen ist vorgesorgt: Aufgrund des hohen Absatzes, der ein Durchrutschen des Fußes verhindert, kann man den Fuß rasch aus dem Bügel ziehen, und dank des breiten Schafts sogar den Fuß aus dem ganzen Stiefel. Vor dem Absatz ist ein Nagel mit flachem Kopf angebracht, der jene Stelle, die am Steigbügel scheuert, verstärkt. Zudem schützt der Stiefel die Wade vor Schlangenbissen.
In Nevada und Texas steckt man die Hose in die Stiefel, in anderen Bundesstaaten trägt man sie darüber.
Zum Laufen sind die Stiefel allerdings nur bedingt geeignet, auch wenn man sich daran gewöhnen kann. Bis in die 1940er Jahre hinein hätte niemand, der kein Cowboy war, daran gedacht, sie zu tragen. Heute sind sie selbst bei biederen Bankangestellten sehr beliebt – vielleicht, weil diese dann das Gefühl haben, Teil des großen Traums vom amerikanischen Westen zu sein.

USA

Dieser Stiefel *(oben)* gehört einem echten Cowboy, der den Spitznamen Pepper trägt (daher die roten Pfefferschoten am Schaft). Als texanischer Cowboy steckt er sich die Hose in die Stiefel. Der Sporn ist aus der Feile eines Hufschmieds hergestellt. Den Steigbügel benutzte schon sein Urgroßvater, der am großen *cattle drive* von Texas nach Montana teilgenommen hatte.

TOOT

1

2

Der einzige Luxus der Reitervölker

Der Sattel ist der Thron, von dem herab der Reiter sein Reich befehligt und verwaltet. Dies gilt für das einfache Sattelkissen Rajasthans ebenso wie für den breiten, bequemen Sattel eines italienischen Hirten, für englische Sättel und auch für die der Camargue, deren einzige Zierde das gut gefettete Leder darstellt. Und es gilt natürlich für die prächtigen Sättel der mexikanischen Kolonialzeit, die mit Gold- und Silberfäden sowie Kaktusfasern und mit Perlmutt- oder Schildpattintarsien verziert waren.

Einige dieser Handwerkserzeugnisse sind wahre Kunstwerke. Sie unterstreichen nicht nur Geschmack, Eleganz und Wohlstand des Reiters, sondern auch das Können des Meisters, der sie angefertigt hat. Gleichzeitig sind sie das Produkt einer Epoche und einer Mode.

Steigbügel, Mundstücke und Sporen können aus Gold, Silber oder Bronze gefertigt sein; bestickte oder wie Teppiche geknüpfte Pferdedecken und Sattelüberzüge stellen bisweilen kleine, manchmal aber auch große Kostbarkeiten dar. Die schönsten Stücke sind häufig auch alte Stücke, denn die Bandbreite an Formen und Materialen ist heute wesentlich beschränkter, als sie früher einmal war. Das könnte daran liegen, dass dem Pferd in unseren Tagen insgesamt weniger Bedeutung zukommt. Vielleicht ist aber auch nur der Geschmack der Reiter wesentlich konventioneller geworden oder die Zahl begabter, auf dieses Gebiet spezialisierter Handwerker zurückgegangen. Welcher Reiter würde sich heute schon mit Gold verzierte Trensen, emaillierte Steigbügel oder silberne Sporen anfertigen lassen?

Im Afrika südlich der Sahara werden die Pferde noch heute mit viel Gefühl für Ästhetik geschmückt. Dabei werden Farben eingesetzt, deren Zusammenstellung oft verblüffend, doch immer sehr harmonisch ist – vielleicht, weil man die weiten Räume hasst und sie auszufüllen trachtet und weil die Farbenpracht vom staubigen Hintergrund der Landschaft ablenkt. Es kann sogar passieren, dass Reiter und Pferd fast vollständig unter der Dekoration verschwinden. Ihr natürliches Äußeres wird auf diese Weise in eine Art Reiterskulptur verwandelt, die faszinierend, mitunter aber auch beinahe Furcht erregend wirkt.

USA, Montana
Vorderzeug und Brustschmuck mit den typisch geometrischen Mustern der Crow und Blackfoot *(1–4)*.

Ecuador
Zamarros, eine Überhose aus Ozelotfell, und ein handgewebter Poncho im traditionellen Streifenmuster schützen vor Regen und Kälte *(oben)*.

3

4

Überhaupt ist die Ausstattung der Reiter von unglaublicher Vielfalt. Man denke nur an die Überhosen der ecuadorianischen Hirten, die aus Tierfellen und bevorzugt aus den Fellen alter Ziegen bestehen. Man denke an die üppigen Spitzenunterröcke der mexikanischen Amazonen oder an die Hirtenmäntel aus Hirschfellen, die man im mexikanischen Staat Michoacán beim Einfangen der Rinder trägt. Und was für eine Bandbreite an Stilen gibt es bei jenen Gegenständen, die aus edlen Hölzern, Silber, fein geflochtenem Leder, Wolle, Pelzen, Stoffen, Edelsteinen und Plastik hergestellt wurden!
All diesen Dingen gemeinsam ist jedoch, dass sie den Luxus der Reiter repräsentieren, die einem alten Sprichwort der Steppe zufolge alles als unnütz betrachten, was man nicht beim Reiten tragen kann.

Afghanistan
In Zentralasien sind die Pferdedecken so schön wie andernorts die Teppiche. Die Pferde werden im Sommer und im Winter eingedeckt *(unten)*.

1

Indien *(1)*
Auf elegante Art und Weise werden eventuelle körperliche Makel eines Pferdes kaschiert.

Mexiko, Veracruz *(2)*
Die rustikale und gleichzeitig funktionale Schönheit eines Arbeitssattels, den ein Vaquero benutzt.

Mongolei *(3)*
Obwohl der winzige mongolische Sattel alt aussieht, wird dieser Typ noch nicht lange hergestellt. Durch die großen Ziernieten an prekären Stellen empfinden ihn nicht-mongolische Reiter als ausgeklügeltes Folterinstrument.

Chinesisches Turkestan *(4)*

Italien, Maremma del Lazio *(5)*
Ein mit Schilf und Stroh ausgestopfter Sattel vom Typ *bardella tolfetana.* Früher verfügte er über ein Geheimfach, in dem man sein Geld vor Straßenräubern verstecken konnte.

Italien, Sardinien *(6)*
Seddatzu, der sardische Sattel, der von den Steigbügeln abgesehen seit der Zeit der Parther kaum verändert wurde.

Pakistan *(7)*
Plastik und Pfauenaugen – ein Sattel für das Spiel *tent pegging.*

2

3

4

5

6

7

Turkmenistan *(1)*
Sattel mit Horn, den die Yomuden benutzen.

Frankreich, Camargue *(2)*
Einer der schönsten Sättel überhaupt und so alt wie die Turniersättel des Mittelalters: Angesichts der Form ist es angeraten, sich den Sattel nach Maß fertigen zu lassen. Die Initialen des Reiters oder das Zeichen des Züchters werden mit Ziernägeln angebracht.

Indien, Rajasthan *(3)*
Ein traditioneller *karoshi*-Sattel mit Blech- und Zinnverzierungen, der inzwischen sehr selten geworden ist.

Kamerun *(4)*
Gesteppter Sattelüberwurf.

Lesotho *(5)*
Englischer Sattel aus herrlich patiniertem Leder, der trotz seines beklagenswerten Zustands noch immer in Gebrauch ist.

Italien, toskanische Maremma *(6)*
Scafarda genannter Sattel, der aus dem Militärsattel entwickelt wurde.

1

2

3

4

5

6

1

Spanien, Andalusien *(1)*
Spanischer Sattel mit angehängtem Kissen für *la dama a la grupa,* die Dame auf der Kruppe.
Peru *(2)*
Bestandteile eines Arbeitssattels für ein Paso-Pferd.
Indien, Rajasthan *(3)*
Sattelkissen ohne Steigbügel, um Pferde auf einem Markt zur Probe zu reiten.
Spanien, Menorca *(4)*
Der menorquinische Sattel ist eng verwandt mit dem Picadorsattel und dem Sattel nach portugiesischer Art.
Chinesisches Turkestan *(5)*
Im Pamir tragen die Pferde das ganze Jahr über Decken.

2

3

4

5

Pakistan *(1)*

Englischer Militärsattel, nach orientalischer Art verziert.

Pakistan *(2)*

Unter dem Sattel des Kommandanten der Präsidentengarde liegt eine Decke aus Leopardenfell. Am Sattel befestigt ist die Säbelscheide.

Ecuador *(3)*

Der einzige mir bekannte Sattel, der über ein Hinterzeug verfügt, das den Sattel beim Auf- und Absteigen stabilisiert.

Pakistan *(4, 5)*

Polopferde mit wunderschön bestickten Satteldecken.

Äthiopien *(6)*

Der Löwe von Juda, Symbol des kaiserlichen Äthiopiens, ist auch heute noch auf äthiopischen Sattelüberwürfen zu sehen.

Syrien *(7)*

Beduinensattel ohne Steigbügel, mit Kamelhaar gestopft.

Kamerun *(8)*

Sattelüberwurf in sehr modernem Design.

Afghanistan *(9)*

Satteltepich und *chapan,* gesteppter Überwurf der *chapandaz,* der Reiter beim Buzkaschi, dem Nationalsport der Afghanen.

1

2

3

4

5

6

7

8

9

1

Mexiko *(1)*
Lederpanzerung, die früher häufig benutzt wurde. Sie sollte die Kruppe vor den Angriffen von Jaguaren schützen, diente aber auch zum Korrigieren von Pferden, die ausschlugen.

Pakistan *(2)*
Alter Polosattel: Am Sattelknauf befestigte der Reiter die Zügel, wenn er abgestiegen war.

Tibet *(3)*
Hinterzeug aus Stoff und Packtaschen eines Pferdes, das für die Reise vorbereitet ist.

USA *(4)*
Frauenpferd, nach Art der Crow gezäumt.
Die Behältnisse, die heute deutlich kleiner als ihre historischen Vorbilder sind, bestehen aus Rohleder, sind sehr leicht und lassen sich einfach herstellen.
Die Löffel haben ihre ganz eigene Geschichte: Es handelt sich dabei um Silberlöffel, die die Besitzerin des Pferdes, die viel flog, bei den Fluggesellschaften »ausgeliehen« hatte.

Indien *(5)*
Hinterzeug eines für eine Hochzeit geschmückten Pferdes.

Peru *(6)*
Florón aus punziertem Leder für ein Paso-Pferd. Das Hinterzeug hilft, das Pferd besser unter dem Reiter zu versammeln.

Indien *(7)*
Es gibt tatsächlich eine wahre Turban-Zivilisation: Ein Turban kann als Kissen dienen, als Seil, um in einem Eimer Wasser aus einem Brunnen zu ziehen, oder als Strick, um das Pferd irgendwo anzubinden. Er kann auch den Gürtel, einen Steigbügelriemen und einen gerissenen Zügel ersetzen oder wird wie hier zum Verband, um eine Wunde zu versorgen.

2

3

4

5

6

7

1

2

3

USA *(1)*

Hinterzeug aus perlenbesticktem Wildleder der Crow.

Mexiko *(2)*

Sol y sombra – Licht und Schatten, das Spiel der Spitzenschatten auf der Pferdekruppe.

Italien, Sardinien *(3)*

Sartiglia– Schweifschmuck des Pferdes des *su componidori*.

Spanien, Menorca

Bunte Bänder schmücken den Schweif eines Pferdes, das beim Fest von San Juan geritten wird *(Seite 253)*.

PORTRÄTS

Der afrikanische Ritter
Würde dieser Reiter aus Kamerun keine Armbanduhr tragen, könnte man ihn tatsächlich für einen afrikanischen Besucher aus dem Mittelalter halten. An Feiertagen holen die *lamibe* aus alten Ledersäcken verrostete Panzer und Kettenhemden hervor, die vermutlich aus Ägypten eingeführt wurden, und kleiden sich in Gewänder mit fantastischen Farben. Die Panzerhemden sind aus Tausenden von Eisenringen zusammengesetzt. Die Ritter, die sie früher trugen, prüften gewissenhaft vor der Schlacht, ob noch alle Ringe geschlossen waren, denn das Metall nahm Schwertern und Pfeilen die tödliche Wirkung. Man trug die Kettenhemden über einer Weste aus Leder oder aus gesteppter Baumwolle. Trotz ihres Gewichts schränkten sie die Bewegungsfreiheit der Reiter kaum ein.

PORTRÄTS

Auf meinen zahlreichen Reisen begegnete ich immer wieder erstaunlichen Pferden – und erstaunlichen Pferdemenschen.
Stets fielen mir Letztere durch ihren außergewöhnlichen Charakter auf und durch etwas, das sie darüber hinaus von anderen Menschen unterschied. Oft war das nur eine Kleinigkeit – ein Blick, die Art sich zu geben, eine Farbe.
Mit einigen von ihnen habe ich Freundschaften geschlossen, die ich noch heute in meinem Herzen bewahre. Ebenso bewahrt habe ich einzigartige Geschichten und Erinnerungen an gemeinsam verbrachte Stunden oder Tage. Doch gab es auch andere, deren Namen ich nie erfahren habe, mit denen ich nie ein Wort wechseln konnte, und in manchen Fällen kann ich mich kaum noch daran erinnern, wo das Foto entstand.
Trotzdem verspüre ich noch heute dieselbe Spannung und Sympathie, die damals in mir aufstieg, als ich sie – Menschen oder Pferde – auf den Film bannte.

Das Pferd – ein Geschenk Gottes

Das Araberpferd erregt seit jeher Neugier, Fantasie und Bewunderung der Pferdeliebhaber und ist schuld daran, dass auch Leute, die sich in der arabischen Welt und der Welt der Beduinen kaum auskennen, Ströme von Tinte vergießen, um es zu beschreiben. Diejenigen, die sich über dieses Pferd auslassen, sind kaum jemals Araber, und arabische Abhandlungen über Pferde werden wiederum nur selten in europäische Sprachen übersetzt.

Das Araberpferd ist unter anderem ein geschätzter Vererber und hat im Laufe der beiden letzten Jahrhunderte zur Veredelung nahezu aller Pferderassen beigetragen.

Was genau aber macht dieses Pferd aus?

Wenn man bei den Chronisten der Antike nachliest, bei Herodot oder Diodor, so erfährt man, dass es zu ihren Lebzeiten auf der arabischen Halbinsel keine Pferde gab. Auch zu Zeiten Mohammeds, vor der Ausbreitung des Islam, waren sie noch selten.

Für die Araber gibt es keinerlei Zweifel daran, dass es Gott höchstpersönlich war, der Ismael ein Pferd schenkte. Es soll ein reinblütiger Araber gewesen sein und ein Brauner (wenn auch über die Fellfarbe geteilte Meinung herrscht).

Über den Ursprung des Araberpferdes gibt es in der Tat zahlreiche Theorien. Man behauptet, es sei gleichen Ursprungs wie das Kaspische Pony oder es käme aus dem Jemen, aus Persien oder Mesopotamien. Andere halten die Wüste des Nedschd oder Libyen für seine Heimat. Allerdings muss man betonen, dass es nicht nur ein einziges Ur-Araberpferd gibt, sondern sicher mehrere Abstammungslinien, die je nach Epoche und Autor mehr oder weniger zahlreich sind (von einem Dutzend bis hin zu un-

gefähr 50). In den meisten Fällen glauben die Beduinen, die Zugehörigkeit zu einer dieser Linien mit bloßem Auge erkennen zu können.
Verbreitet ist das Bild eines Pferdes arabischer Herkunft, dessen Zucht in westlichen Ländern erfolgte, und zwar nach ästhetischen Kriterien. Dabei gibt es sogar Araberpferde mit Rammsnasen, die aufgrund ihrer geografischen Isolierung mit Sicherheit reinblütig sind.
Wenn man seriös über das Araberpferd der Beduinen forschen will, darf man meiner Ansicht nach nicht jene Fotos unberücksichtigt lassen, die Ende des 19. und Anfang des 20. Jahrhunderts von den Einkäufern der westlichen Armeen und Regierungen bei den Beduinen der Stämme Shammar, Fadaan und Anezah gemacht wurden.
Wo auch immer es also herkommen mag – das Araberpferd hat seine heutige Ausprägung der Begegnung mit den Beduinen zu verdanken. Diese leben in der badiya, der halbtrockenen, steppenähnlichen Wüste im Norden der arabischen Halbinsel, und ziehen mit ihren Herden, die früher aus Kamelen und später auch aus Schafen bestanden, bis in das Gebiet, in dem heute die Grenzen zu Syrien, zum Irak und zur Türkei liegen. Neben dem Menschen und dessen Kriegsstrategie wirkte auch das Klima bestimmend auf die Entwicklung des Pferdes ein.
Die badiya ist der südliche Ausläufer der asiatischen Steppe. Im Winter ist sie kalt und windig, im Sommer heiß. Wasserstellen und Weiden sind rar. Im Frühling dagegen ist die Landschaft herrlich, denn alles blüht und es gibt Futter im Überfluss.
Um sich an diesen extremen Lebensraum anzupassen, musste das Pferd hart und robust werden.
Da es nicht viel Weide gab, konnten die Nomaden nicht unbegrenzt viele Tiere halten. Meist entschieden sie sich für Stuten, denn wenn man schon ein Tier durchfütterte, dann am liebsten eines, das Fohlen zur Welt bringen konnte. Pferde waren allerdings so selten, dass eine Stute mitunter zwei bis vier Besitzer hatte, die oft weit voneinander entfernt wohnten, was alles verkomplizierte.

Über die scheinbare Vorliebe der Beduinen für die Matrilinearität ist viel gesagt und geschrieben worden und man versucht diese These zu belegen, indem man darauf hinweist, dass in den Stammbäumen nur die Namen der Stuten erwähnt werden. Allerdings wird dabei übersehen, dass diese Handhabung relativ jung ist und erst im frühen 19. Jahrhundert entstand.
»Wer ist denn so dumm, eine gute Stute von einem minderwertigen Hengst decken zu lassen?« ist das gängige Argument. Da die Genealogie bei den Beduinen nur selten zu Papier gebracht wurde, genügte es, wenn der Besitzer schwor, dass sein Tier von reinster Rasse war.
Zuständig für die Stammbäume und die Zucht waren die Scheichs, denn sie besaßen als Einzige Hengste, die sie je nach Laune und Verwandtschaftsgrad dem Besitzer der Stute umsonst oder gegen Entgelt zum Decken überließen.

Unerwünschte Fohlen wurden unmittelbar nach der Geburt getötet. War das Fohlen so, wie man es sich vorgestellt hatte, so durfte es sich zusammen mit den jungen Ziegen, Hühnern und Lämmern bei schlechtem Wetter in jenem Teil des Zeltes aufhalten, der den Tieren vorbehalten war.
Die Strategie bei Raubzügen, gazu *genannt, die die Beduinen bis zum Zweiten Weltkrieg verfolgten, war einfach und wirkungsvoll. Man ritt nachts zum Standort des Gegners und erledigte den Überfall zwischen zwei und drei Uhr morgens. Danach ritt man mit den gestohlenen Tieren zurück ins eigene Lager. Die Überfallenen pflegten mit einem Gegenüberfall zu antworten. Sinnloser Heldenmut galt hier nicht viel: War man zahlenmäßig unterlegen, überließ man die Beute den vorherigen Besitzern und brachte sich in Sicherheit.*
Pferde setzte man nur bei kurzen Raubzügen von drei bis vier Tagen Dauer ein. Für längere Expeditionen – wenn man zum Beispiel von Syrien aus nach Kuweit wollte, um dort Kamele zu erbeuten – griff man auf Dromedare zurück.
Nach den Berechnungen einiger alter Beduinen auf der Grundlage der Erzählungen ihrer Vorfahren wurden bei solchen Gelegenheiten 350 Kilometer innerhalb von 24 Stunden zurückgelegt. Dabei machte man nur kurze Pausen, um zu trinken und eine Kleinigkeit zu essen.
Die angegebene Strecke mag lang erscheinen, doch ist belegt, dass der Hengst Saigak – eine Mischung aus Achal-Tekkiner, Kasachenpferd, englischem Vollblut und Karabascher – in den 1940er Jahren bei Alma-Ata ein Distanzrennen gewann, bei dem er von einem 75 Kilogramm schweren Reiter geritten wurde und in 19 Stunden 301 Kilometer zurücklegte. Vier weitere Teilnehmer schafften ähnliche Distanzen.

Gutes und Schönes

»Die Araber […], unsere Herren, die sich bemühten, das Gute zu finden, haben auf diese Weise das Schöne gefunden.«

Diese Worte schrieb der Tierarzt und Gestütsdirektor Eugène Gayot 1888 in seinem Werk Achat du cheval ou choix raisonné des chevaux d'après leur conformation et aptitude.
Fragt man einen Beduinen nach der wichtigsten Eigenschaft eines Pferdes, so wird er weder über Schönheit sprechen – weil Schönheit um ihrer selbst willen in seinen Augen bedeutungslos ist und ihn nur dann interessiert, wenn sie mit Funktionalität und Leistung einhergeht – noch über Schnelligkeit und Ausdauer oder über irgendeine andere dieser Eigenschaften, die den Liebhabern arabischer Pferde spontan in den Sinn kommen, wenn sie an diese Tiere denken.
Nein, der Beduine wird auf eine moralische Eigenschaft zu sprechen kommen: die Schönheit der Seele, die eigentlich ein zutiefst menschlicher Charakterzug ist.
Dies hängt wohl in erster Linie damit zusammen, dass das arabische Pferd das »menschlichste« von allen ist, denn es lebt von Kindheit an in enger Beziehung mit dem Menschen. Es wird ernährt, berührt und gestreichelt, die Kinder spielen mit ihm und springen für einige Augenblicke auf seinen Rücken, selbst wenn es noch ein ganz junges Fohlen ist.
Ich bin überzeugt davon, dass das arabische Pferd durch diese Prägung im Grunde seines Herzens sogar »glaubt«, ein Mensch zu sein.

Die kleine Amazone

Beim Anblick dieser kleinen mongolischen Reiterin, die in ihren Steigbügeln stehend singt, muss ich an den Mythos der Amazonen denken.
Diese Kriegerinnen der asiatischen Steppen könnten Skythen, Hethiter oder Churriter gewesen sein oder aber Sarmaten, wie Nikolaos von Damaskus und Herodot behaupten. Wir sind uns noch nicht einmal sicher, ob sie tatsächlich Frauen waren oder doch Männer, die aufgrund ihrer langen Haare und ihrer Kleidung wie Frauen aussahen.
Diodor ist der Ansicht, Amazone sei der Name einer Priesterin der Diana gewesen.
Wer den Mythos historisch und nicht neofeministisch begründet sah, ließ seiner Fantasie freien Lauf, um die Herkunft des Begriffs »Amazone« zu erklären. Eine weit verbreitete Etymologie leitet ihn vom griechischen amazos, »abgeschnittene Brust«, ab, denn es hieß, Amazonen hätten sich die rechte Brust abgeschnitten, um beim Bogenschießen nicht behindert zu sein. Andere sehen in dieser Amputation auch den Verzicht auf die männliche Seite, die der rechten Körperhälfte zugeordnet wird.
Eine weitere Theorie geht vom Begriff amaza, »ohne Brot«, aus, weil sich die Amazonen angeblich von Wild und Reptilien ernährten, was den wilden und geradezu hexenhaften Charakter der Amazonen unterstreichen würde. Man findet auch amazoonai, »die zusammenleben«, als Anspielung auf das gemeinschaftliche Leben, oder ama zonai, »mit Gürteln«, bezogen auf gewisse Gürtel mit magisch-religiöser und kriegerischer Bedeutung, die die Amazonen angeblich trugen.
In anderen Sprachen finden wir die Wurzel maza, die bei den Kalmücken und Tscherkessen »Mond« bedeutet; omocena, in slawischen Sprachen »starke Frau«; das ungarische amazzon und das hebräische amatz, »robust«; ha mazan, »Krieger« auf Persisch und auch amaze, »Jugend« auf Kaukasisch.

Rao Singh, der Barde

Rao Singh gehört der Kaste der Barden an, die die Heldenlieder der Krieger aus der Kaste der Rajput singen.
Im Allgemeinen, so behaupten böse Zungen, sollte man sich nicht mit dem Titel singh, »Löwe«, schmücken, wenn man kein Krieger ist, doch kann dieser Titel auch für Leistungen poetischer Natur vergeben werden.
Rao Singh empfing mich im Pferdestall seines schönen Landhauses, in Anwesenheit seines Pferdes Ali Baba, dessen unbestrittene Qualitäten sowie die Tatsache, dass er sich immer geweigert hat, es zu verkaufen, schon viel Neid und Missgunst erregt haben. Er nahm aus einer dieser ausgeblichenen Stofftaschen, wie sie die indischen Schüler auf dem Land besitzen, ein altes vergilbtes Heft (diese Hefte vergilben immer erstaunlich schnell), dessen Seiten mit einer sehr feinen Schrift bedeckt waren.
Wir setzten uns auf ein cherpoi, ein Bettsofa mit vier Beinen. Er blätterte eine Weile schweigend und mit ernster Miene in seinem Heft herum und trug mir dann Gedichte vor, in denen es um Pferde ging.
Für die Rajputs scheint die chronologische Abfolge der Ereignisse keinerlei Bedeutung zu haben, und wenn wir ihnen zuhören, geraten wir in einen Zustand, in dem es weder eine Trennung zwischen Mythos und Historie noch eine zwischen Fantasie und Wirklichkeit gibt.
Sie erzählen von Ereignissen, die in dem umfangreichsten Epos der Hindus, dem Mahabharata, geschildert werden, oder von Heldentaten während des Kriegs gegen die Mongolen oder aber von der Eroberung Haifas im Zweiten Weltkrieg – so, als ob sie persönlich daran teilgenommen hätten.
Sie nennen die Namen von Kriegern, beschreiben deren Pferde, würzen ihre Geschichte mit amüsanten Anekdoten (meist geht es da um Pferde, die

dem Feind, oder besser noch: dem Verbündeten gestohlen wurden) und verwenden noch viele andere narrative Strategien, die eher an die Erzähltechnik von Filmen als an die von Literatur erinnern. Zum Schluss kommt man sich vor, als habe man selbst am Angriff auf Haifa teilgenommen und unter dem Beschuss durch türkische Maschinengewehre versucht, auf dieser verdammten Brücke voranzukommen, auf der nur drei Pferde gleichzeitig Platz hatten.

Von all den schönen Gedichten erinnere ich mich am lebhaftesten an jenes über die Rajputfrauen, die sich über ihren Ehemann beklagten. In Friedenszeiten verwöhnte er das Pferd und vernachlässigte seine Frauen. Der Mann erwiderte, dass er dem Tier Respekt schulde, denn in der Schlacht habe er keinen anderen Freund, und wenn er hinterher gesund nach Hause zurückkehrte, so verdankte er es seinem Pferd.

Am liebsten mag ich die Geschichte von einem jungen Ehemann, der seiner Frau versprochen hatte, zu einem bestimmten Fest nach Hause zurückzukommen. Im Schlachtgetümmel vergaß er sein Versprechen. Die Frau dachte, er sei tot, und schickte sich an, sich zu verbrennen. Das Pferd aber hatte das Versprechen nicht vergessen und verließ das Schlachtfeld im Galopp, mit seinem Reiter auf dem Rücken. Noch vor Sonnenuntergang war der Mann bei seiner Frau, das Pferd warf mit einem einzigen Hufschlag den Scheiterhaufen um, und die junge Frau küsste die Hufe des Tiers, das ihr den Gatten zurückgebracht hatte.

Das Hochzeitspferd

In Indien begibt sich der Bräutigam stets zu Pferde zum Haus seiner Zukünftigen, selbst dann, wenn er in einer Stadt wie Delhi oder Bombay lebt.
Das Hochzeitspferd ist in der Regel eine Stute, wobei man für diesen Tag Tiere mit hellem oder geflecktem Fell bevorzugt.
Die Stuten zu mieten kostet sehr viel Geld, und nicht selten kann man in der Hochzeitssaison dieselben Pferde von einem Fest zum anderen hetzen sehen. Das bekommt den Geldbeuteln ihrer Besitzer natürlich sehr gut. Weniger günstig wirkt sich die Pendelei von Fest zu Fest auf die Tiere aus, da ihre Sehnen beim kilometerlangen Trab oder Galopp auf dem Asphalt geschädigt werden. Erst wenn der Bräutigam dann endlich im Sattel sitzt, bemüßigt man sich eines deutlich gemächlicheren Schritts. Nun formiert sich auch die Hochzeitsgesellschaft zu einem lauten, fröhlichen Zug.
Das Pferd wird immer von einem Stallknecht geführt, sei es, weil der junge Bräutigam von der Reitkunst nicht die geringste Ahnung hat, sei es, weil er aufgrund des großen Ereignisses schrecklich aufgeregt ist. Brav und etwas steif sitzt er auf dem Tier und wirkt mitunter sogar ängstlich, wenn er sich verbissen an den Sattel klammert.
Der bärtige Herr aus Jodhpur, der auf diesem Foto zu sehen ist und, wie man mir versicherte, in seiner Jugend Filmschauspieler war, vermietet Pferde für Hochzeiten und Dreharbeiten. Hier zeigt er uns seine herausgeputzten Hochzeitspferde, rechts in traditioneller Aufmachung mit viel Silber und links mit dem Putz, der bei modernen Festen gefragt ist.

Der alte Yomude

Die Yomuden gehören zu den fünf turkmenischen Stämmen, die im Norden der Wüste Karakumy leben. Der 84-jährige Reiter auf diesem Foto, der sein Pferd mit kräftiger Hand lenkt, erinnert mich an Tolstoi, der noch mit 91 Jahren ritt. Dieser Reiter ist für mich ein lebhaftes Beispiel dafür, wie gesund es ist, im Sattel alt zu werden, sofern man nie aufgehört hat, aktiv zu sein.

Die Pferde der Yomuden bilden eine der drei turkmenischen Rassen, auch wenn manche meinen, dass es keine reinblütigen Yomudenpferde gibt.

In seinem Bericht Reise in Mittelasien *schrieb der Ungar Hermann Vambéry 1865 über die Turkmenen, dass der Sohn der Wüste sein Pferd mehr liebt als seine Gattin, seine Kinder, ja sogar mehr als sich selbst.*

Der Pferde-Hypnotiseur

Ich hatte schon von Hypnose bei Pferden gehört, doch hatte man mir stets versichert, dass sie inzwischen der Vergangenheit angehörte und es niemanden mehr gäbe, der diese besondere Praktik beherrschte. Eines Tages, als ich im Oman war, um Pferde und Pferdemenschen kennen zu lernen, stellte man mir einen Mann vor, von dem es hieß, er könne die Tiere hypnotisieren.

Auf meine Bitte hin führte er es mir vor – ohne viel Aufhebens, aber mit viel Theatralik und Humor. Er lud das Pferd ein sich niederzuknien und sich auf die Seite zu legen, wie man es auf der ganzen Welt im Zirkus sehen kann. Dann flüsterte er dem Tier Worte ins Ohr, nach deren Bedeutung ich ihn fragte. Mit einem Lächeln, das mir etwas zweideutig vorkam, antwortete er, er bitte das Tier nur darum, ruhig zu bleiben. Danach bewegte er seine Handfläche über mehrere Stellen des Pferdekörpers, zunächst über die Schulter, dann bis zum Becken. Ebenso berührte er alle Gelenke und das Genick.

Als das Pferd bewegungslos und wie festgenagelt am Boden lag, trat ich näher: Die Augen waren verdreht, das Tier atmete heftig mit stark geweiteten Nüstern und sein Atem wirbelte den Sand auf.

Aus Neugier tat ich das Erstbeste, das mir in den Sinn kam: Ich streckte die Hand aus und tat, als wollte ich auf das Auge des Pferdes schlagen. Jedes Pferd, das nicht auf diesem Auge blind war, hätte den Kopf gehoben oder zumindest reflexartig das Auge geschlossen. Dieses Tier aber regte sich nicht. Ich konnte nicht herausbekommen, wie lange der Zustand der Hypnose maximal anhalten konnte und in welcher Verfassung ein Pferd nach einer langen Hypnose sein würde. Auf Befehl des Mannes hin stand das Pferd sofort auf und schüttelte sich, um den Sand auf seinem Fell loszuwerden.

Auf die Frage, warum man Pferde überhaupt hypnotisiert, erhält man eine überraschende Antwort: um seine mentale Macht unter Beweis zu stellen. Im Oman wurden häufig Wettbewerbe veranstaltet, deren Teilnehmer ihre mentalen Kräfte maßen. Man begann damit, Bäume absterben zu lassen – ein seltsamer Brauch, vor allem in einem Land, in dem nicht gerade ein Überfluss an Bäumen herrscht. Wenn man nach einem Raubzug verfolgt wurde, konnte man ein Pferd durch Hypnose veranlassen sich hinzulegen, damit es nicht wieherte und seine Anwesenheit verriet. Sobald der Feind vorübergezogen war, ritt man weiter. Oder man führte den Raub ohne Pferd durch und kehrte anschließend zu seinem hypnotisierten Tier zurück, das sich in diesem Zustand nicht entfernt hatte.

Doch dies sollte im Oman nicht die letzte Merkwürdigkeit bleiben, die mit Pferden zusammenhängt. Bei meinem Besuch in einem Dorf lud ein alter Mann mich ein, an seinem Pferd zu riechen. Wie groß war mein Erstaunen, als ich feststellte, dass das Tier nicht nach Pferd, sondern nach Puder roch!
Die Erklärung war einfach und doch verblüffend. Im Oman füttert man die Pferde mit gekochten Datteln. Diese Ernährung, sagt man, sei vollwertig und habe einzig den Nachteil, den Zähnen nicht besonders gut zu bekommen. Andererseits sei sie energiereich und stille den Hunger. Und dieser Datteldiät verdanken die Pferde ihren eigentümlichen und sehr angenehmen Geruch.
Diese Informationen wurden mir in den Ställen des Sultans bestätigt. Hier erzählte man mir auch, dass die vom Land kommenden Pferde, sobald sie nicht mehr nur Datteln fraßen, sondern konventioneller mit Gras und Heu ernährt wurden, allmählich wieder anfingen so zu riechen wie andere Pferde auch.

Das Henna-Pferd

Wie auf alten Miniaturen zu sehen, war es in Indien schon vor langer Zeit Brauch, die Pferde mit Henna zu färben, besonders an Beinen, Schweif und Bauch – an jenen Stellen also, an denen Zaumzeug und Sattel reiben.
Dieser Brauch ist nach wie vor lebendig und führt dazu, dass diese Tiere aussehen, als wären sie einem alten indischen Hippologietraktat entsprungen.

Eduardo Hallyday, der Patagonier

Eduardo trägt einen Seemannsbart, geht vornüber gebeugt wie jemand, der sich beim Gehen oft gegen den Wind stemmen muss, und hat eine große Leidenschaft für boleadoras *und kreolische Pferde. Seine Zucht liegt an einem der südlichsten Punkte der Welt.*
Sein Urahn William stammte ursprünglich aus Dumfries in Schottland, hatte 20 Jahre auf den Falklandinseln gelebt und für die Falkland Island Co. gearbeitet. Als sein Vertrag auslief, stand er vor der Wahl, nach Australien oder Patagonien auszuwandern. Er entschied sich für Letzteres. Am 1. August 1885 erreichte die Familie Hallyday Patagonien und erwarb für 9000 Goldpesos 20 000 Hektar Land, das sie von nun an Hill Station nannte. Aus Chile brachte man 500 Schafe mit.
Auch heute noch leben die Hallydays auf Hill Station, doch inzwischen gehören zur Estanzia 30 000 Hektar Land und 10 423 Schafe. Außerdem gibt es 180 Pferde, 403 Guanakos, 30 Kühe und 382 Nandus.
Gemäß der Familientradition besitzt Eduardo ein Diplom des Saint George College von Buenos Aires, einer Schule, die so very british *ist, dass man früher nur aufgenommen wurde, wenn man einen angelsächsischen Vornamen trug.*
Eduardo hatte Kontakt zu den Tehuelche-Indianern, deren letzter Stammesangehöriger Andres Sainol 1990 starb. Von ihnen erlernte er den geschickten Umgang mit den boleadoras, *einer Art Lasso mit Kugeln am Seilende. In Argentinien zählt Eduardo zu den wenigen, die diese Waffe wirklich beherrschen und mit der man Nandus und Guanakos fängt.*
Es gibt verschiedene Modelle der boleadoras. *Sie bestehen aus gedrehtem Guanako- oder Fohlenleder und haben eine, zwei oder drei Kugeln. Die Indianer scheinen nur mit einer oder zwei Kugeln gearbeitet zu haben, sodass die dritte Kugel eine Erfindung der Weißen gewesen sein könnte. Um Nandus zu fangen, benutzt man kleine Kugeln, mittlere für die Guanakos und die schwersten für die Fohlen. Damit die Knochen der Fohlen nicht verletzt werden, sind diese Kugeln eigentlich nur mit Sand und geronnenem Blut gefüllte Ledersäckchen.*

Mähnen

Nach der Meinung einiger Wissenschaftler schützt die Mähne das Pferd, indem sie Regenwasser und andere Feuchtigkeit ableitet und die Haut auf diese Weise vor Reizungen bewahrt. Je feuchter das Klima, desto länger und üppiger fällt sie auf den Hals herab. In kaltem, trockenem Klima, in dem es wenig schneit und regnet, tragen die Pferde dagegen meist eine kurze Stehmähne.

Nirgendwo anders sah ich allerdings Pferde mit so üppiger Mähne und so langem Schweif wie in der Mongolei – was sämtliche Theorien der Pferdeforscher widerlegen würde. Bei mongolischen Pferden fallen die Mähnen bis zum Vorderfußwurzelgelenk (dem »falschen Knie«) und die arg verfilzten Schweife bilden am Boden bis zu 50 Zentimeter lange Schleppen.

Einer der bemerkenswertesten Unterschiede zwischen wilden und domestizierten Pferden ist, dass die Mähne der Wildformen – bei Przewalskipferden, Onagern, Zebras und Wildeseln – in regelmäßigen Abständen ausfällt, um neu nachzuwachsen.

Vielleicht hat der russische Forscher und General Nikolaj Michajlowitsch Przewalski niemals ein lebendes Przewalskipferd zu Gesicht bekommen. 1878 erhielt er am Grenzposten von Sarsanak, zwischen Russland und der Mongolei, das Fell und den Schädel eines pferdeartigen Tiers geschenkt, das ein kirgisischer Jäger erlegt hatte. Przewalski erkannte sofort, dass die Trophäen eine Besonderheit darstellten, und schickte sie an die Petersburger Akademie der Wissenschaften, um sie bestimmen zu lassen. 1881 taufte Professor Poljakow das Pferd auf den Namen des russischen Generals.

Tatsächlich könnte die erste mögliche Erwähnung eines Przewalskipferdes in einem tibetischen Text enthalten sein, den ein Mönch namens Bodowan schrieb. 1630 schenkte der Mongole Cecen Chansoloi Chalkaskyden dem Mandschu-Kaiser ein Przewalskipferd. Und von den Mandschu ist bekannt, dass sie 1750 eine Jagd organisierten, bei der 3000 Jäger 200 bis 300 Przewalskipferde töteten. 1771 wurde in einer Mandschu-Enzyklopädie das Wildpferd als »Vorfahr der domestizierten Pferde« bezeichnet.

Als erster Europäer beschrieb der im Dienst des Zaren stehende Schotte John Bell dieses Pferd im Jahre 1763. Trotzdem kam es im Werk von Carl von Linné (1707–1778), der als Erster viele Pflanzen- und Tierarten beschrieb, nicht vor. Die ersten Europäer, die es leibhaftig sahen und vier Tiere töteten, waren die Gebrüder Grum-Grzimajlo im Jahre 1889. 1891 führte der berühmte Tierhändler Karl Hagen-

DER URAHN – DAS PRZEWALSKI-PFERD

beck aus Hamburg 53 Przewalskifohlen in Europa ein. Um sie zu fangen, hatte man zuerst den Hengst getötet, um die Herde zu verwirren, und dann eine größere Anzahl Stuten.

Über den Ursprung des Hauspferdes gibt es zahlreiche Theorien. Einige Wissenschaftler nehmen an, dass es von einem einzigen wilden Vorfahren abstammt. Andere dagegen gehen in Anbetracht der vielfältigen Unterschiede in Anatomie und Verhalten davon aus, dass es zwischen zwei und acht Urahnen gegeben haben müsste.

Und in der Tat fällt es schwer zu glauben, dass der Wallach Samson mit 220 Zentimeter Widerristhöhe bei 1500 Kilogramm Gewicht und der Hengst Little Pumpkin mit 35,5 Zentimeter Widerristhöhe bei neun Kilogramm Gewicht den gleichen Vorfahren haben – es sei denn, man ist auch davon überzeugt, dass sowohl Bernhardiner als auch Chihuahua Urenkel des Wolfs sind.

Wie dem auch sei: Fest steht, dass das Przewalskipferd das einzige Wildpferd ist, das bis in unsere Zeit überlebt hat. Die Mongolen nennen es takhi, die Kirgisen kertag. *In freier Wildbahn gibt es keine Populationen mehr. Zum letzten Mal wurden wilde Tiere in den 1960er Jahren im Altai und in den 1980er Jahren im chinesischen Turkestan, unweit des Altai, gesichtet. Allerdings sind diese chinesischen Berichte wissenschaftlich nicht sehr zuverlässig, weil ihre Urheber keine Zoologen waren.*

Das letzte in freier Wildbahn gefangene Tier war die Stute Orlica III. Man fand sie 1947 in der Mongolei und schickte sie nach Askania Nova in der Ukraine. Sie zu fangen war sinnvoll, denn die Zoopopulation, die den Zweiten Weltkrieg überlebt hatte, litt beträchtlich unter der unvermeidlichen Inzucht, deren Folgen Sterilität, Albinismus und Schäden an den Hüftgelenken waren. Übrigens besaß Orlica III. einen kaffeefarbenen Fleck auf der linken Schulter, den sie an ihre Nachkommen vererbte.

Durch seine gedrungene Kopfform, die rundliche Gestalt und vor allem durch den Schweif, der mehr an einen Maulesel erinnert als an ein Pferd, ähnelt das Przewalskipferd den Pferdebildern europäischer Höhlenmalereien.

Das Tier besitzt 66 Chromosomen, während das Hauspferd nur 64 hat. Trotzdem kann man beide kreuzen. In der Mongolei erzählt man, dass Przewalskihengste domestizierte Stuten für sich einnehmen und entführen konnten.

Das Przewalskipferd hat ein sandfarbenes Fell, zebraartige Streifen an den Beinen, eine zweifarbige Stehmähne und einen Aalstrich, der als dunkle Linie entlang des Rückgrats von der Mähne bis zum Schweif verläuft. Im Zuchtregister, das in Prag geführt wird, sind 1000 Exemplare verzeichnet.

In der Mongolei laufen zwei Experimente zur Wiedereinführung und Auswilderung des Przewalskipferdes: zum einen in Hustain Nuruu, einem Steppenreservat, das seit 1994 unter gesetzlichem Schutz steht, 4000 Hektar Fläche umfasst und 120 Kilometer von Ulan Bator entfernt ist, zum anderen in der Wüste Gobi.

Black Bull und sein Traum

Es war der pure Zufall, der mich genau an dem Tag, an dem die Tipis bemalt wurden, in das Territorium der Blackfoot an der kanadischen Grenze und zu Black Bull führte.
Robert Black Bull, Besitzer einer Mustangzucht und Erbe der buffalo hunters, *der Bisonjäger, ist ein auf Rhode Island geborener Blackfoot, der nach langen Irrfahrten ins Land seiner Väter zurückkehrte. Hier entwickelte er ein Rehabilitationsprogramm für schwer erziehbare Jugendliche, bei dem Pferde eine wichtige Rolle spielen.*
Man bat Paul Raczka, einen polnischen Fachmann für indianische Kunst und Religion, das große Zelt zu bemalen. Diese Malereien stellen so etwas wie eine religiöse Weihe dar: Nach ihrer Fertigstellung gehört der Besitzer des Zeltes dem Zelt, und nicht umgekehrt.
Als Motiv wünschte man sich zwei Pferde, denn einige Nächte vor der Zeremonie hatte Black Bull im Traum seinen blauschwarzen Hengst Blue Boy als Beschützer seiner Zucht gesehen, und ein weiteres Stammesmitglied hatte von einer Stute geträumt, von der es nur wusste, dass sie »gelb« war.
Die Pferde sind im »lang gestreckten« Stil dargestellt, der ihre Bewegungen hervorhebt. Die Hufe sind rund gemalt, wie Hufabdrücke. Der Hengst befindet sich auf der Nordseite des Zeltes, die bei Festen den Frauen vorbehalten ist, während die Stute die Südseite, die Seite der Männer, ziert.
Die Pferde gelten als spirituelle Führer, die sich an ihre Schützlinge wenden. Deshalb sind Kopf und Herz durch eine Art Röhre verbunden. Die Farben werden aus natürlichen Substanzen hergestellt, außer dem Blau, das man in der Natur so kaum findet.
Die Sterne stellen die Pleiaden dar, die sieben Sterne des Großen Bären (die hier »die sieben verirrten Kinder« genannt werden), sowie den Morgenstern, der als Überbringer der Träume gilt.
Moderne Tipis haben einen Durchmesser von fünf bis sechs Metern, während der Durchmesser der alten Zelte nur drei bis vier Meter betrug. Seit dem späten 19. Jahrhundert ersetzt Leinwand die Büffelhäute, aus denen die Tipis früher bestanden.
Am Vorabend des Tages, an dem das Zelt bemalt wurde, kam in der Zuchtherde ein Stutfohlen mit gelbem Fell zur Welt.

Achal-Tekkiner

Ob braun, fuchsfarben oder grau – das Fell jedes fünften Achal-Tekkiners besitzt diesen ungewöhnlichen metallischen Goldschimmer. Herodot beschrieb dies mit einem schönen Bild: Er meinte, die Pferde der Skythen seien von der Farbe der Sonne.
Die einzige Erklärung, die man mir für dieses Phänomen lieferte – und für deren Wahrhaftigkeit ich nicht garantieren kann – ist folgende: Die Haare mancher Achal-Tekkiner sollen gespalten sein und deshalb das Licht auf besondere Art und Weise reflektieren.
Aber sind nun die Achal-Tekkiner identisch mit den legendären »Blut schwitzenden« Pferden von Fergana, einem berühmten Tal südlich von Taschkent? Eine vergoldete Bronzestatue aus dem Grab des Han-Kaisers Wu Ti, der eine Expedition beauftragt hatte, die ihm diese berühmten Pferde bringen sollte, weist eine verblüffende Ähnlichkeit mit den Achal-Tekkinern auf. Sie gibt vor allem die charakteristischen Merkmale wieder, von denen man einige bei anderen Rassen als Fehler bezeichnet, zum Beispiel die Windhundsilhouette, den lang gestreckten Leib, die schmale, aber tiefe Brust und den Hirschhals. Auf Höhlenmalereien, die in vorchristlicher Zeit im Tal von Fergana entstanden sind, findet man Hengste und kopulierende Pferde, die genauso aussehen.
Die berühmte Bronzestatue, die im Museum von Lanzhou aufbewahrt wird, bildet ein Pferd in vollem Galopp ab. Mit einem Huf berührt es den Rücken einer Schwalbe, die sich umdreht, scheinbar darüber verwundert, ein Pferd zu sehen, das ebenso schnell ist wie sie. Die Statue erinnert mich stets an eine alte turkmenische Geschichte: »Einst wollten die Vögel und die Pferde durch ein Wettrennen herausfinden, wer von ihnen schneller sei. Die Vögel siegten, und um sie zu ehren, geben die Turkmenen ihren Pferden seitdem Vogelnamen.«

Maria Danilova Tschirkiesowa – Mutter der Achal-Tekkiner

Man nennt sie die »Mutter der Achal-Tekkiner«, auch wenn sie bereits das Alter einer Großmutter hat. Doch die Jahre haben dieser Frau, die sowohl die Haltung als auch die Energie eines Kosakenführers besitzt, nichts anhaben können.
Seit 52 Jahren wählt sie Hengste und Stuten aus und trägt sie in das Zuchtbuch ein. Sie kennt alle Genealogien der 2000 oder mehr Achal-Tekkiner auswendig, unter denen es, wie sie sagt, kaum mehr als 200 wirklich reinblütige Tiere gibt.
Marschall Budjonny war es, der dem jungen Mädchen, das gerade die Landwirtschaftsschule abgeschlossen hatte, 1938 erlaubte, sich um das turkmenische Pferd zu kümmern.
Als ich der alten Dame erzählte, dass ich mich für die Traditionen der turkmenischen Reitweise interessiere, erwiderte sie zornig und verbittert: »Lieber Freund, welche Traditionen? Sie hätten vor 50 Jahren nach Turkmenistan kommen sollen (die Begegnung fand Anfang der 1990er Jahre statt), als die Jurten noch bis vor den Stadttoren standen.«
Einen Monat lang übernachtete ich in ihrem Garten unter einer Pergola mit wildem Wein und schlief auf einem dieser in Zentralasien so beliebten Diwane. Er stand auf einem Teppich, den ihr Vater, ein Soldat, aus Armenien mitgebracht hatte.
Wir führten viele Gespräche. Sie erzählte mir von den turkmenischen Stämmen, ihren Raubzügen zu Pferde nach Persien, die sehr gefürchtet waren, und die die Märkte von Khiva und Buchara mit Sklaven belieferten, aber auch von dem gewaltsamen Anschluss an das zaristische Reich im späten 19. Jahrhundert und ihrem Widerstand 1917 bis 1935 gegen die Sowjetunion. In beiden letztgenannten Fällen waren neben den Turkmenen auch die Pferde die Leidtragenden. Da die Russen sie als Waffen betrachteten, versuchte man die Tiere auszurotten, um ihre turkmenischen Reiter zu bezwingen. Im Zweiten Weltkrieg kam dann die Hungersnot.
In der Nachkriegszeit gab es 1947 ein furchtbares Erdbeben, und in der Breschnewära hätte man die Pferde am liebsten ins Schlachthaus geschickt.
Anhand von Fotos lernte ich, dass es bei den Achal-Tekkinern drei verschiedene Körperbauvarianten gibt: eine kräftige, eine mittlere und eine leichte. Erstere ist heute ausgestorben und von der zweiten leben nur noch einige wenige Vertreter. Maria Danilova erklärte mir auch den Ursprung des Rassenamens: Achal bezeichnet das Ursprungsgebiet dieser Pferde und die Tekkiner waren einer der fünf turkmenischen Stämme.
Wie jeder andere Bewohner von Ashgabat war sie überzeugt, dass sowohl die Pferde von Fergana als auch Bukephalos, das berühmte Pferd Alexanders des Großen, ebenso Achal-Tekkiner waren wie die 20 000 Tiere, die die Bewohner von Nisa den Persern als Tribut zu übergeben hatten. Sie bestritt, dass die Achal-Tekkiner einen schlechten Charakter hätten. Sie seien, so meinte sie, wie die Turkmenen: großzügig gegenüber ihren Freunden und unbarmherzig gegenüber ihren Feinden.
Über Maria Danilova erzählte mir jemand, dass ihre Kollegen einmal beunruhigt waren, weil sie nicht zur Arbeit erschienen war. Als sie nachforschten, fanden sie heraus, dass sie gerade ein Kind zur Welt gebracht hatte. Niemand hatte ihren Zustand bemerkt, zumal sie am Vortag noch 60 Kilometer weit geritten war.

Jorchi, der Barde

Dieser Mann, der die Husarenmütze der Turkmenen trägt und einen in dieser Gegend eher ungewöhnlichen Schecken reitet, heißt Jorchi, doch ich hörte auch, dass er sich Maskara nennen ließ. Er ist so etwas wie der Spaßmacher und Barde beim Buzkaschi.
Nach jedem Spiel übergibt er den chapandazan, *den Spielern, ihre Belohnungen. Dann improvisiert er gegen ein kleines Entgelt Preisgedichte zu Ehren des Reiters und des Khan, dem das Pferd gehört. Mit seinem Wortwitz bringt er die Zuschauer zum Lachen und entschärft Spannungen zwischen den Spielern.*

Ranch hand

In der Alltagssprache des Westens bezeichnet man einen guten Cowboy als hand, *als Hand also, oder als* ranch hand. *Die Hand steht für die Bereitschaft und Fähigkeit, sich nützlich zu machen, aber auch für den Katalog von Verhaltensmaßnahmen dieses »Samurai der Prärie«, der heute ein bisschen so etwas wie ein Außenseiter der geschichtlichen Entwicklung ist und in wirtschaftlicher Hinsicht inzwischen wohl dem Mythos des Cowboys näher steht als dessen früherer Realität.*
Ganz abgesehen davon erkennt man einen Cowboy tatsächlich an seinen Händen, die hart und knochig sind, kräftig, ohne schwer zu sein, und verhornt wie die eines Bauern.
Das Verhalten eines hand *sollte auf Bescheidenheit gründen, ferner auf Hilfsbereitschaft gegenüber den Schwachen und Bedürftigen, auf Familiensinn sowie auf Achtung vor den Tieren und ihrem Leid (natürlich nur insofern sich dies mit den Erfordernissen der Zucht und Nutzung der Tiere vereinbaren lässt). Ein Cowboy liebt sein Land, seine Traditionen, das Leben in der Natur und natürlich seinen Beruf, der einer der schönsten und härtesten der Welt ist.*

Emmet und Josie Brislawns, Cayuse Ranch

Oshoto ist ein sehr schönes, aber auch sehr abgelegenes Fleckchen im amerikanischen Westen, an dem sich sozusagen Fuchs und Hase gute Nacht sagen. Bis hierher musste ich reisen, um die Familie Brislawns auf ihrer Cayuse Ranch kennen zu lernen und um zu erfahren, was Leidenschaft für Pferde wirklich bedeutet.

Der Begriff cayuse *war früher eine etwas verächtliche Bezeichnung für die Indianerponys (von denen viele Mustangs abstammen sollen). Angeblich rührt er von einem Stamm her, dessen einziger Ruhm darin begründet liegt, dieser Pferderasse seinen Namen geliehen zu haben.*

Der alte Brislawns hatte den Westen in geologischer Mission gründlich erkundet und auf seinen Expeditionen ausführlich Gelegenheit, die außergewöhnliche Qualität der cayuses *schätzen zu lernen, die damals im Westen die am häufigsten eingesetzte Pferderasse war.*

Seit den 1950er Jahren, lange bevor sich jemand anders für sie interessierte, hatte Brislawns begiffen, dass die Indianerponys kurz vor dem Aussterben standen. Er reiste durch die USA, um sie überall dort aufzukaufen, wo ihm eine »fossile Herde« gemeldet wurde.

1957 begründete er das Register der Spanish mustangs, *in das inzwischen 2300 Tiere eingetragen sind. Der Name soll darauf hinweisen, dass die kleinen Indianerpferde direkte Nachkommen der von den Spaniern eingeführten Pferde sind.*

Die Tiere von der Cayuse Ranch sind wiederum Nachfahren dieser Indianerpferde und stellen eine herrliche Sammlung dar. Hier kann man die verschiedenartigsten, seltensten und schönsten Fellfarben entdecken.

Die Brislawns, die im besten Sinne des Wortes Züchter vom alten Schlag sind, glauben nicht an den Nutzen von DNS-Tests, um bei ihren Pferden spanisches Blut nachzuweisen. Sie berufen sich nicht ganz zu Unrecht darauf, dass der Großteil der amerikanischen Rassen, darunter auch das Quarter Horse, iberische Vorfahren besitzt. Ihrer Ansicht nach sind die Untersuchung der Anatomie und der geografischen Herkunft wesentlich beweiskräftiger.

DAS »BLINDE« PFERD

Noch heute sind es die Pferde, die mit langsamen, linkischen Bewegungen in der Corrida die wütenden Stöße des Stiers abfangen.
Die Karriere eines Picador-Pferdes beginnt im Alter von fünf Jahren und dauert, wenn keine Unfälle dazwischenkommen, bis zu 15 oder 20 Jahre.
Zum Schutz tragen die Pferde den peto*, der in Frankreich erfunden und in den 1920er Jahren in Spanien eingeführt wurde. Es handelt sich dabei um eine gesteppte Matratze, die fast bis zu den Hufen reicht sowie Brust und rechte Flanke des Pferdes bedeckt. Der* peto *verhindert, dass das Pferd von den Hörnern des Stiers durchbohrt wird. Den Regeln zufolge sollte der* peto *35 Kilogramm wiegen, doch im Laufe der Jahre wurde dieses Gewicht großzügig überschritten. In Frankreich verwendet man heute dagegen leichtere Materialien, zum Beispiel Kevlar.*
Heutzutage werden dem Pferd in der Corrida die Augen mit feuchtem Leinen verbunden; darüber kommt eine Lage trockener Stoff. In die Ohren stopft man Werg oder angefeuchtetes Zeitungspapier, denn kein halbwegs vernünftiges Pferd würde ruhig bleiben, wenn es einen 500 Kilogramm schweren angreifenden Stier auf sich zurasen sieht. Zudem würde es lernen, den Zusammenhang des charakteristischen Schreis, mit dem der Picador den Stier ruft, mit dem zu verbinden, was danach kommt – und würde davongaloppieren.
Der tenton *ist ein ganz besonderes Picador-Pferd, das man einsetzt, um den Mut junger Stiere und Kühe zu prüfen. Es muss über spezielle Charaktermerkmale verfügen und ausgeglichen, mutig und flink sein. Erstaunlicherweise besitzen nur wenige Pferde diese Eigenschaften.*

Der Asturcón

Die Pferderasse Asturcón, die in den 1970er Jahren vor dem Aussterben und dem Vergessen gerettet wurde, gilt heute als eine der seltensten europäischen Rassen – zurzeit gibt es noch etwa 200 Zuchtstuten. Gleichzeitig ist es eine sehr alte Rasse, die ohne Beeinflussung von außen in den Bergen von Sueve im Herzen Asturiens Jahrhunderte und Jahrtausende überlebte. Einmal im Jahr, im Frühling, »fischten« sich die Bewohner der Gegend aus den Herden einzelne Tiere heraus und setzten sie bei der Feldarbeit ein oder liehen sie an die Zitrusfruchtplantagen im südöstlichen Spanien aus, weil sich die Pferde aufgrund ihrer geringen Größe gut für die Arbeit dort eigneten.

Dabei können sich die kleinen robusten Tiere einer glorreichen Vergangenheit rühmen. Ihre Eigenschaften versetzten bereits die Römer in Erstaunen, die mit den Völkern Asturiens um den Besitz einiger Goldminen kämpften. Strabo, Martial, Plinius der Jüngere, Marcus Terentius Varro und Horaz erwähnen dieses Pferd und beschreiben es als ein genügsames Tier von geringer Größe, das über außergewöhnliche Tugenden verfügt, sich lebhaft und schnell bewegt und so eifrig auf seinem Gebiss herumkaut, dass es am Maul schäumt.

Die Rasse war wegen ihres sehr bequemen Tölts beliebt und konnte, wie Strabo schreibt, in der Schlacht zwei Soldaten tragen: Einer sprang ab, kämpfte eine Weile und wurde dann von dem Gefährten wieder in Sicherheit gebracht. Auf diese Weise machten es die Völker Asturiens den römischen Legionen nicht leicht, ihr Land zu erobern. Strabo und Horaz berichten, dass dieses Pferd für die Völker Nordspaniens auch noch in anderer Hinsicht von Bedeutung war: In Vollmondnächten, die sie mit Gesang und Tanz feierten, tranken sie sein Blut und aßen sein Herz.

In Rom war der Ruhm dieser Tiere so groß, dass sie zur Pferderasse erklärt wurden. Petronius, Autor des Satiricon, spricht vom asturcón macedone, und man kannte auch die asturconarios, eine Art spezialisierter Pferdehändler.

Blaue Augen

Zwar sind sie wahre Raritäten, aber es gibt sie, Pferde mit blauen Augen. Außer bei jenen Tieren, die an Glaukom oder an Albinisumus leiden, haben die hellen »Glasaugen« keinerlei krankhafte Ursache.

Blaue Augen findet man wesentlich öfter bei Schecken oder stichelhaarigen Pferden (Tieren mit weißen Haaren im ansonsten farbigen Fell) und seltener bei solchen mit einheitlicher Fellfarbe.

Meist fotografiere ich die blauäugigen Pferde, denen ich begegne. Nur in den USA sind sie inzwischen schon so zahlreich, dass ich es aufgegeben habe, sie auf den Film zu bannen. Kein Rodeo, kein Markt und keine Weide, auf denen man nicht mindestens einem Dutzend von ihnen begegnet.

Portugal, Markt von Golegã *(oben)*

Mongolei
Die Russen, die die Rassen Don- und Budjonnypferd miteinander kreuzten, züchteten auf diese Weise derbe, aber größere Pferde von weniger asiatischem Erscheinungsbild *(rechts)*.

Die Onager

In der Antike lebten diese wilden Equiden über ganz Asien verstreut.
Im Deutschen bezeichnet man sie als Halbesel, und tatsächlich sehen sie ein wenig wie Maulesel aus, ohne aber wirklich Hybriden zu sein. Durch ihr Fell und ihr Verhalten sind sie vor allem den Przewalskipferden ähnlich, was bei der Bestimmung Letzterer zu zahlreichen Verwechslungen führte.
Wenn ich sie hier erwähne, dann deshalb, weil die Technik der Jagd auf Onager eines der am besten gehüteten Geheimnisse der orientalischen Kavallerien war. Diese verdankten sicherlich ihre herausragenden Reitkünste den Jagden auf Onager, die zur Ausbildung der Soldaten gehörten.
Der Sassanidenkönig Bahram Gur, sagenumwobener Autor der ersten Verse auf Neupersisch, trug wegen seiner Leidenschaft für die Jagd auf diese besondere Eselart den Spitznamen Onager.
Ein weiterer Grund, die Tiere hier zu behandeln, ist, dass man die Onager aufgrund des Pferdemangels seit 2500 v. Chr. domestizierte und sie als Packtiere und zum Ziehen der Streitwagen einsetzte.
Der Onager verfügt über einen außerordentlich gut ausgeprägten Geruchssinn und ist wesentlich schneller als ein gerittenes Pferd; er kann über lange Zeit eine Geschwindigkeit um 60 Stundenkilometer beibehalten. Sein Biss ist furchtbar.
Er kennt das Gelände genau, in dem er lebt, und weiß es für seine Zwecke zu nutzen. Man sagt, dass er im Galopp mit den Hufen gezielt Steine gegen seine Verfolger schleudert, und das so präzise, dass man sogar eine Wurfmaschine nach ihm benannte. Um ihn zu überraschen, einzuholen, mit Pfeilen zu beschießen oder mit dem Lasso zu fangen, bedurfte es deshalb hervorragender Reiter auf hervorragenden Pferden.

Sein Fleisch wurde sehr geschätzt und es hieß, dass sein Fell auf denjenigen, der darauf schlief, eine heilsame Wirkung ausübte.
Früher gab es sechs Unterarten von Onagern: die anatolische und die syrische (inzwischen ausgestorben), den Kulan (in Sibirien, Turkmenistan und Kasachstan verbreitet), den Dschiggetai (Mongolei), den Khur (Indien, Pakistan, Iran) und den Khiang (tibetisches Hochland). Vor kurzem wurden Onager wieder in Israel und in den Vereinigten Arabischen Emiraten eingeführt.
Ich selbst hatte mit den Onagern ein Erlebnis, das mir im Gedächtnis haften blieb:
Auf einem Ritt in Turkmenistan sah ich eine Herde. Ich umritt sie in großem Bogen und stellte mich vor den Wind und vor eine Bodenerhöhung, die mich verbarg. Als der Hengst mich dann doch zu Gesicht bekam, blieb er ungefähr 50 Meter wie angewurzelt vor mir stehen und sah mich mit hoch erhobenem Kopf lange Zeit an. Die Stuten und Fohlen verschwanden unterdessen im Trab hinter einem kleinen Hügel. Dann hörte ich das Donnern ihrer Hufe. Bis ich um die Bodenerhebung herumgeritten war, waren die Onager schon in den Bergen verschwunden. Sie hatten in dieser kurzen Zeit ungefähr drei bis vier Kilometer zurückgelegt.

Appaloosas

Der Appaloosa ist das einzige Pferd, das von nordamerikanischen Indianern gezielt gezüchtet wurde. Keine andere gescheckte oder gefleckte Rasse ist so berühmt wie diese. Die Nez Percés, Lachsfischer und Beerensammler, züchteten die Rasse zu einer Zeit, in der sie noch kaum Pferde benötigten. Sie hatten das ganze Jahr über Nahrung im Überfluss und lebten in einem verhältnismäßig milden Klima in einer Gegend, die gute Weiden bot. Das Zusammenleben mit ihren Nachbarn verlief relativ harmonisch.
Die Nez Percés fertigten Bogen, die so geschätzt wurden, dass man im Austausch dafür gerne ein Pony gab. Alle Indianer bemalten ihre Pferde mit Naturfarben und allen gefielen Schecken besonders gut. Da sie aber ständig damit beschäftigt waren, sich gegenseitig zu überfallen, kamen sie kaum in den Genuss der eigenen Zuchtauswahl.
Ihre Begegnung mit dem Pferd machte aus den Nez Percés Bisonjäger. Sie folgten den Herden auf Expeditionen, die bis zu fünf Jahre dauern konnten. Als sie sich zum Reitervolk entwickelten, gaben sie ihre Hütten auf und lebten von da an in Zelten.
Bei der Zucht waren sie streng, kastrierten ungeeignete männliche Tiere oder verkauften sie. Dank der Vermittlung von Shoshone, Ute und Navajo konnten sie Tiere aus New Mexico, Chihuahua und Kalifornien importieren. Die Pferde aus ihrer Zucht waren von guter Qualität. Ungeklärt bleibt, wie die Indianer im Laufe eines Jahrhunderts diese Züchtermentalität entwickelten. War ein Angehöriger des Stammes in den Süden vorgedrungen und hatte dort von den Spaniern die Zuchtprinzipien erlernt?
Als 1805 die ersten Weißen in ihrem Gebiet eintrafen, besaßen die Nez Percés Pferde, die denen der anderen Stämme überlegen waren. Einige unter ihnen hatten bis zu 1500 Pferde. Namenspatron für die Rassebezeichnung Appaloosa war der Palouse River, ein Fluss im Osten des Staates Washington, an dessen Ufern die Nez Percés lebten.
Die heutigen Vertreter der Rasse unterscheiden sich deutlich von den früheren Tieren, da nach 1860 Kaltblüter und später englisches Vollblut und Quarter Horses eingekreuzt wurden.

Ich widme dieses Buch den wichtigsten Frauen in meinem Leben: Valeria, die mich zu meiner großen Freude zum Vater gemacht hat, und meiner kleinen Veronica, die fast so alt ist wie dieses Buch und der ich wünsche, dass sie eine Amazone wird. Außerdem meinem Adoptivbruder Philippe, der mich immer ermutigt hat, und vor allem meinen lieben Eltern, die mit so viel Geduld und Liebe die wahnwitzige Leidenschaft ihres Sohnes unterstützten.

USA, Blackfoot

Die nordamerikanischen Indianer bemalten ihre Pferde mit Zeichen, die an vollbrachte Heldentaten erinnerten *(oben)*. So stand eine Hand für einen Kampf Mann gegen Mann oder für einen erzielten Coup (eine kriegerische Heldentat, die darin bestand, den Gegner in der Schlacht mit einem Stab zu berühren, ohne ihn zu verletzen). Der aufgemalte Hufabdruck zeigte, dass man bei einem Raubzug ein Pferd erbeutet hatte. Ein Fleck markierte eine Stelle, an der ein Pferd im Kampf verletzt worden war. Manche Zeichen standen für Tänze, für Geheimbünde, für Träume, für Visionen oder aber für optische Täuschungen, die den Feind verwirren und ihm das Einschätzen von Entfernungen erschweren sollten.

USA

Pferd einer Crow-Indianerin *(Seite 287)*. Die Steigbügel sind offensichtlich nach iberischem Vorbild gefertigt.

DANKSAGUNG

Ich möchte an dieser Stelle allen Pferdemenschen danken, die mir bei meiner Recherche geduldig geholfen haben, die ein Schaf geschlachtet haben, um mich willkommen zu heißen, die mir in ihrem Zelt, ihrer Jurte oder ihrer Hütte einen Platz freigeräumt haben, an den ich meinen Schlafsack legen konnte, die mir Pferde und Sättel geliehen haben, damit ich die örtliche Reitweise ausprobieren konnte – ohne sie würde es dieses Buch nicht geben.

Ich danke auch allen, die mir geholfen haben, indem sie spontan als Dolmetscher einsprangen und sich große Mühe gaben, um meine Fragen ebenso wie die Antworten sorgfältig zu übersetzen.

Dank des Pferdes bin ich überall mit Großzügigkeit, Neugier und vornehmer Würde empfangen worden, auch an jenen politisch brisanten Orten, an denen mein Kommen begreiflicherweise im ersten Moment Zweifel oder Bedenken hervorrief.

Mein besonderer Dank gilt: Cheikh Abdul Rasak El Thai; Basil J'adani für das Beduinenpferd; Marcel Maillhane, Albert Espéli und Familie Laurent für die Camargue; Luis und Luisa Valença für alles, was mit Lusitanien zu tun hatte; Bernard Delmotte und Yaya Mohaman Gabdo für Kamerun; Felix »Negro« Rodrigués für Mexiko; Waziri Khan und Gul Mohammed für das Buzkaschi; dem Kommandanten Ismaël Khan für das westliche Afghanistan; Randy Connor und Familie Lynch von der TL/Ranch von Trochu Alberta für die Cowboys; Mahendra Singh Rathore für Rajasthan; Wali Khan für das traditionelle Polo; Akhmed Mahaboob aus Lahore; Familie Cobo aus Yanaurco; den Cordoveses, Raul Guarderas und Juan Fernando Pérez für die *chagras*; Familie Monteverde; den López von Gualeguaychu; Eduardo und Silvina Hallyday; Domingo Yugo Yakulika für den Gaucho; Gérald Pellen; Álvaro Domeqy Diez; Gregorio Moreno Pidal für den *rejoneo*; Salvador Calderón Capilla für Jerez de la Frontera; Black Bull und Paul Raczka für die Blackfoot; Giovanni Manca für Sardinien; »Il Barba«, der mich in die Geheimnisse des *palio* einführte; Olga Nikonova von der Akademie der Wissenschaften in Moskau; Jean-Louis Dumas, der als einer der Ersten an mich glaubte; Anne Mariage; der Familie Cabada von Sabucedo, die mich wie einen Sohn behandelte; Mick und Di Jones aus Malealea Lodge in Lesotho.

Einige dieser Namen sind sicher falsch geschrieben, weil ich sie aus der Erinnerung heraus nenne; dies tut meiner Dankbarkeit allerdings keinen Abbruch.

Spanien
Rechter Steigbügel eines Picador, ästhetisch wie eine moderne Skulptur. Er erinnert ein bisschen an den Bug eines Schiffes – vielleicht, weil er Wellen von Rinderhörnern durchbricht.

Aus dem Französischen von Dr. Cornelia Panzacchi

Die Originalausgabe erschien 2002 unter dem Titel
Centaures. Hommes et Chevaux
bei Editions du Seuil, Paris

Neuausgabe 2009

Redaktion und Fachlektorat: Gerdi Killer für bookwise, München
Satz: bookwise, München
Printed in Italy
ISBN 978-3-8369-2996-7